Visual Basic

博客思出版社

前序

Visual Basic 開發程式較其他開發語言簡單許多，所以學習者不需要花太多的時間就能上手設計想要的軟體，尤其學生們每天要讀許多的科目與書本，不可能花更多時間，去用又難又複雜開發語言寫程式，因此Visual Basic開發程式是所有學習者或初學者想學的開發程式語言。

希望能幫助更多人了解電腦程式，可以這樣簡單的寫程式，也希望提昇國人對寫電腦程式的意願與素質。

許多的朋友們的家裡有一推舊電腦，都不在用了，真可惜，可用一個較不佔空間，又簡單的Visual Basic 6.0開發程式語言，來寫視窗程式，體會寫程式的樂趣與成就感。

本書較少運用到貼圖運算程式，所以程式碼較少，讓讀者更容易學習到程式本身功用與運作，再加上本書寫出來的程式，以基本功能爲主，讓程式碼變更少，更讓讀者容易學習其中技巧，本書選寫出的程式是用最簡單例子，盡可能選寫最少的程式碼來說明，增加讀者學習信心，本書頁數不是很多，可讓讀者花很少時間學會用Visual Basic開發程式語言，本書適用於十四歲以上的學生學習，尤其喜歡玩線上遊戲的朋友，或許應該用本書去了解電玩遊戲的起步。

開發程式與應用程式有幾點不同的地方：

1.開發程式可選寫自己想要的功能，在自己的應用軟體上。
2.開發程式的設計彈性較大，可解決市面上沒有的軟體。
3.開發程式適合開發任何領域中的資料庫軟體。
4.開發程式有一些簡單繪畫功能可靈活運用。
5.開發程式可製作成執行檔(*.exe)執行。
6.開發程式可製作成安裝執行檔(Setup.exe)。
7.開發程式的運算式能力，能幫助同學們演算數學、物理、化學、電機等等的數理公式題目。

開發程式與應用程式有幾點不同的地方：

1.開發程式可選寫自己想要的功能，在自己的應用軟體上。

2.開發程式的設計彈性較大，可解決市面上沒有的軟體。

3.開發程式適合開發任何領域中的資料庫軟體。

4.開發程式有一些簡單繪畫功能可靈活運用。

5.開發程式可製作成執行檔(*.exe)執行。

6.開發程式可製作成安裝執行檔(Setup.exe)。

7.開發程式的運算式能力，能幫助同學們演算數學、物理、
化學、電機等等的數理公式題目。

本書使用Visual Basic 6.0 開發程式其優點：

1.Visual Basic 6.0 開發程式，能運用單個控制項物件，複製成陣列式控制項物件，可將程式碼長度降到最低。

2.使用Visual Basic 6.0開發程式，佔用電腦資源空間較少，若使用超過Visual Basic 6.0版本，其佔用電腦資源較大，也較複雜。

3.使用Visual Basic 6.0開發程式，對初學者較有利，選項簡易，只要認識簡單的六種控制項物件，就能產生自己想要的功能，用途廣大。

4.使用Visual Basic 6.0開發程式，能使用Windows 的API 函數。

目 錄

第十一章 Visual Basic 基本操作

第一章 Visual Basic 基本結構

第二章 程式技巧

第三章 陣列與資料結構

第四章　內建函數與API函數

第五章 數理公式

第六章 日常生活例題

第七章 專業科目

第八章 遊戲程式精選

第十章 地圖編輯器

第十一章 象棋

第十二章 9*9方格的數讀

本書內容

第一章　介紹Visual Basic 6.0開發程式可製作成執行檔(*.exe)的步驟。Visual Basic 6.0 開發程式可製作成安裝執行檔(Setup.exe)的步驟。功能表的製作步驟。

第二章 說明Visual Basic 6.0 開發程式語言基本結構。

第三章　變數，陣列變數，資料型別，副程式的取名。數學運算，邏輯運算的技巧與一些程式技巧。

第四章　陣列與資料結構的宣告，說明陣列的使用與圖形陣列的關係。變數，陣列變數與資料結構差別。

第五章 Visual Basic 6.0函數的使用與Windows API函數的使用。

第六章 數理公式。

第七章 日常生活例題的運用。

第八章 專業科目。

第九章 遊戲程式精選。

第十章 地圖編輯器。

第十一章 記憶暗棋，大吃小暗棋。

第十二章 9*9方格的數讀。

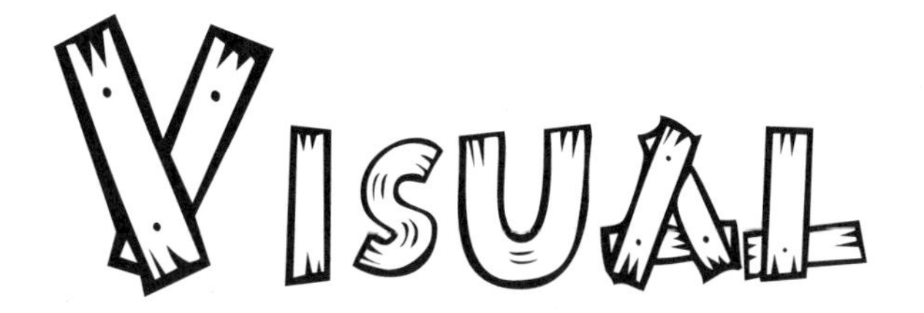

BASIC

第一章
Visual basic基本操作

◆ 第一個Visual Basic程式

1. 開始→程式集→Microsoft Visual Basic 6.0。

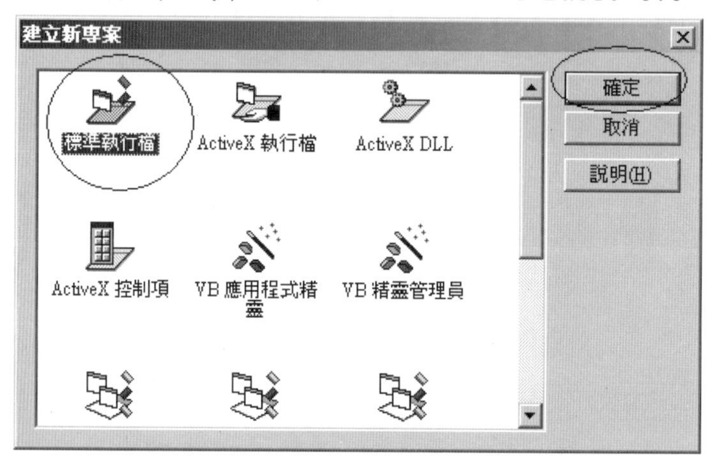

2. 選擇所需要的專案類型(標準執行檔)後按確定。

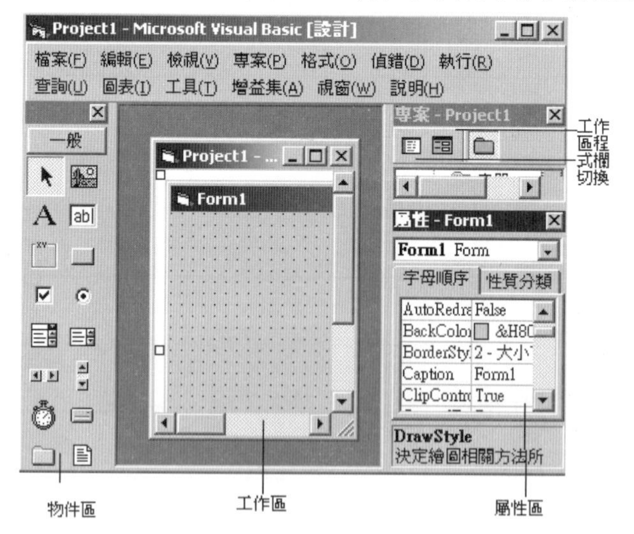

3. 在物件區中選擇所需要的物件(A)，按滑鼠左鍵反白。
4. 在工作區中按住滑鼠左鍵，拖曳所需要的範圍。

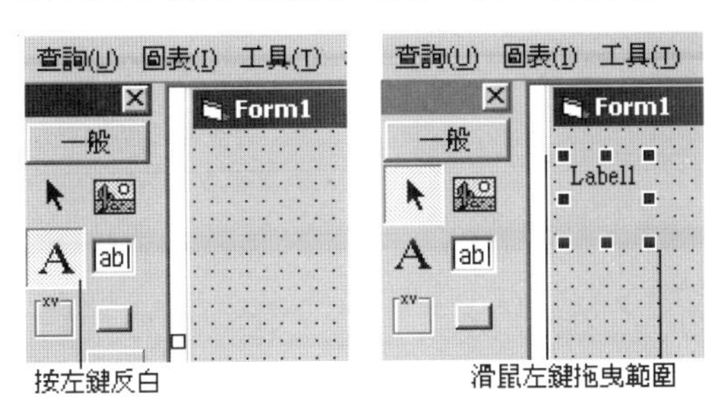

5. 在屬性區中，更改自己所需要的資料。
6. 寫第一個程式，秀出 VB ok 在文字物件中。
7. 在Label1物件中，Caption屬性名，更改資料爲VB ok。

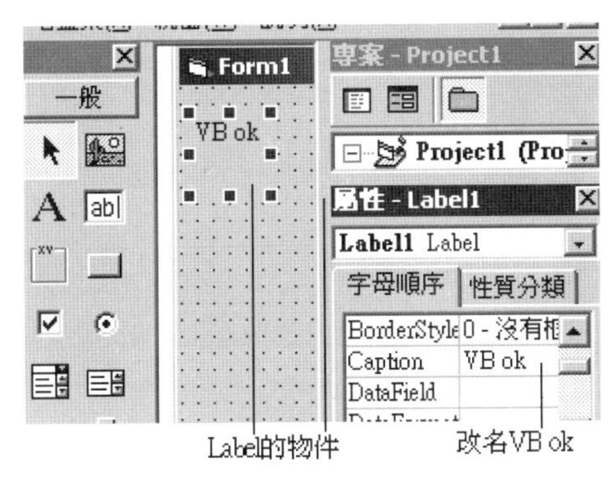

8. 執行測試：(功能鍵F5)或功能表→執行(R)→開始(S)。

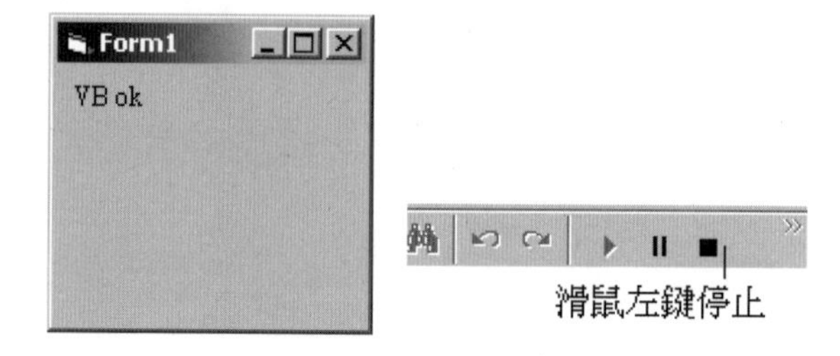

◆ 製作執行檔

1. 功能表→檔案(F)→製成Project1.exe(K)。

檔案(F) 編輯(E) 檢視(V) 專案(P) 格式(O) 偵錯(D) 執行(R)

左鍵

2. 按確定，(可以改名稱)。

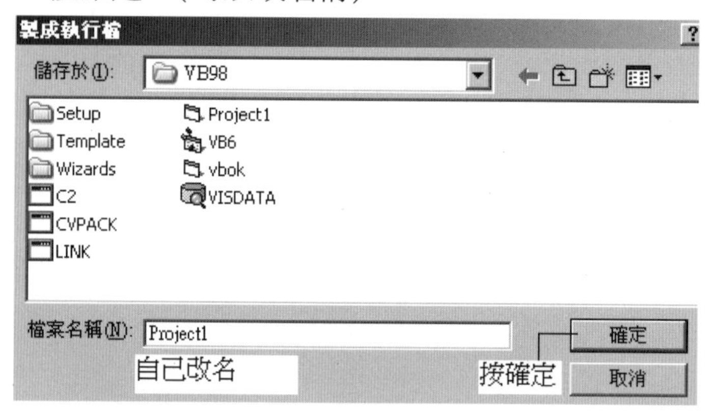

3. 用檔案總管，尋找Project1.exe執行檔。

4. 滑鼠雙擊Project1.exe執行檔。

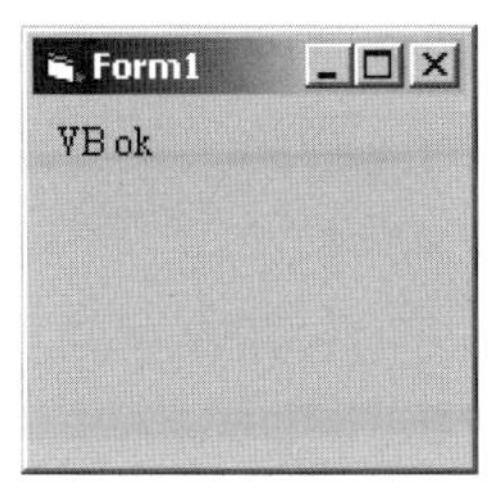

◆ 製作安裝檔

→ 桌面開始→程式集(P)→Microsoft Visual Basic 6.0→Microsoft Visual Basic 6.0工具→封裝暨部署精靈。

1. 瀏覽選擇Project1.vbp專案位置 按封裝(P) 。

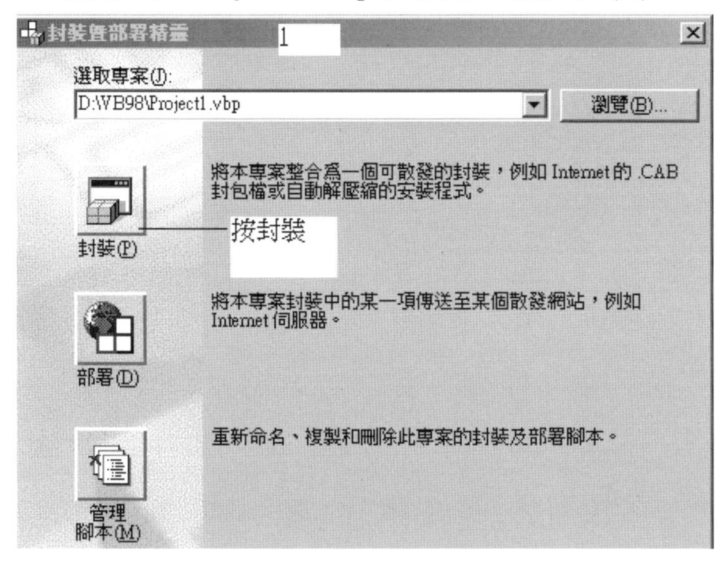

2. 選擇標準的安裝程式→按下一步(N)。

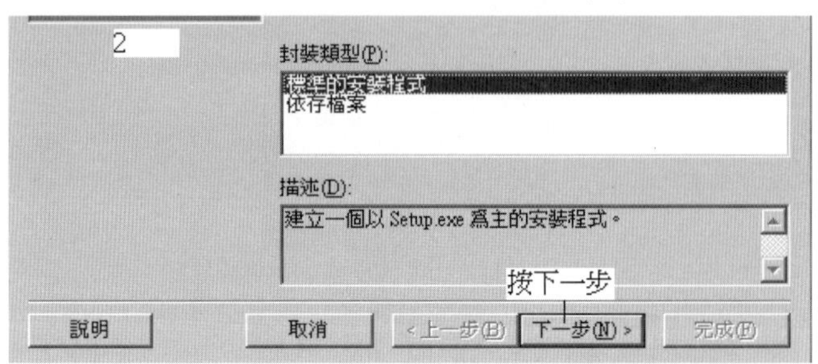

3. 按下一步(N)→建立Package→按是(Y)。

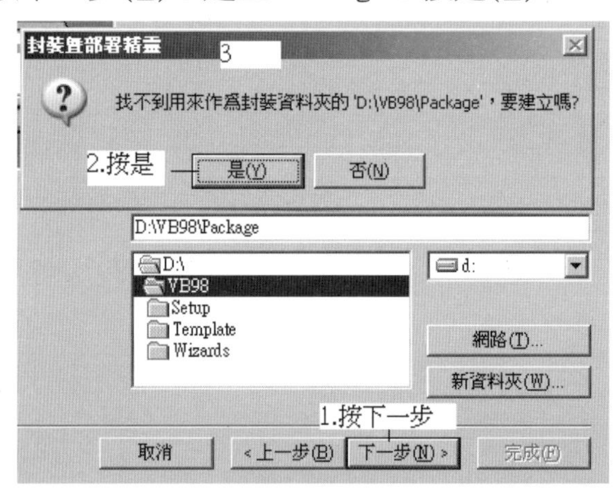

4. 按下一步(N)，需要可加入自己所需要的檔案。

5. 選擇單一封包檔(S)→按下一步(N)。

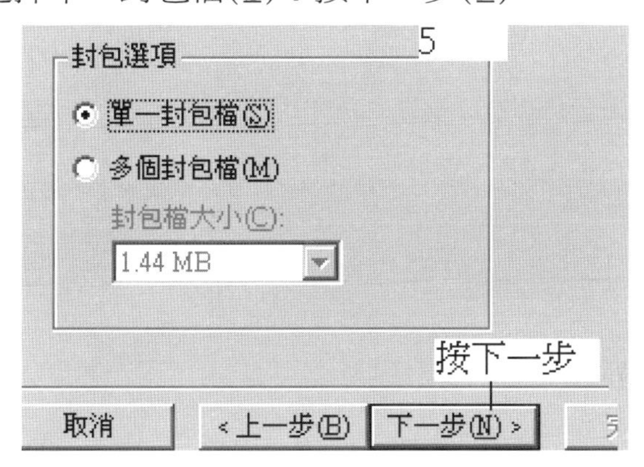

6. 按下一步(N)，需要可註釋安裝標題。

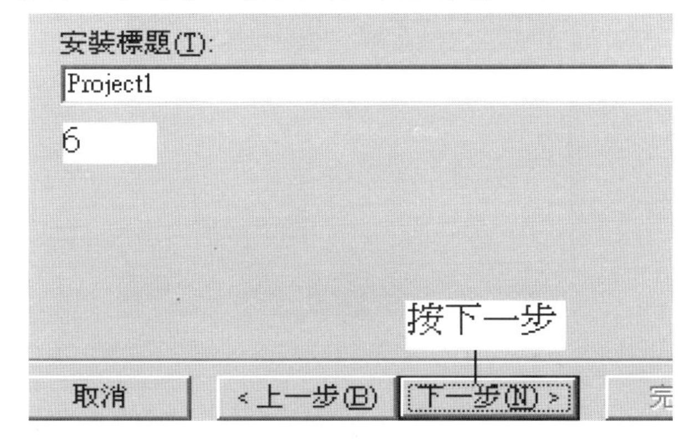

7. 按下一步(N)，可選擇開始功能表程式集的位置。

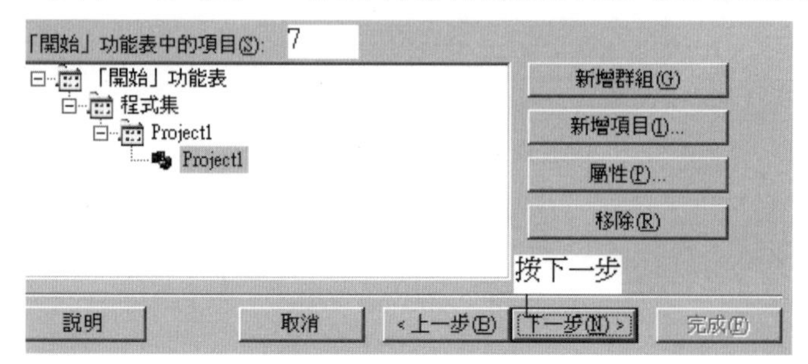

8. 按下一步(N)，檔案資訊與安裝的位置。

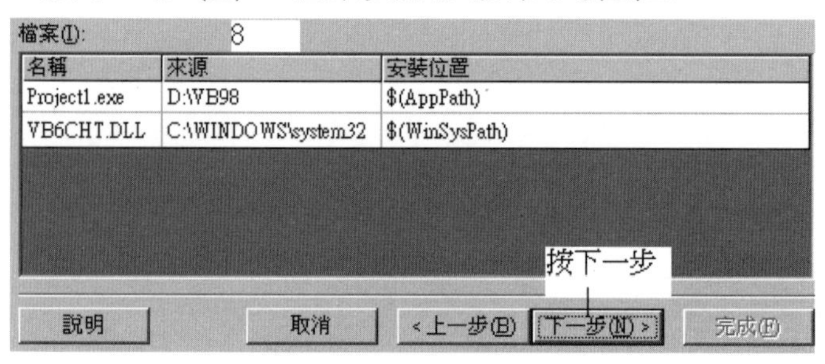

檔案(I):

名稱	來源	安裝位置
Project1.exe	D:\VB98	$(AppPath)
VB6CHT.DLL	C:\WINDOWS\system32	$(WinSysPath)

9. 按下一步(N)，需要可選擇共用檔案。

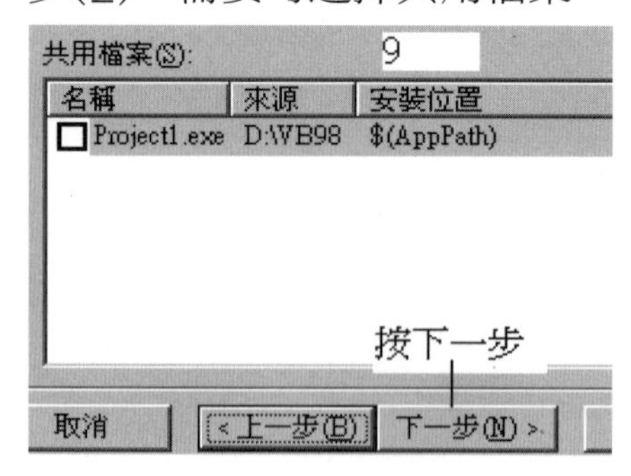

共用檔案(S):

名稱	來源	安裝位置
Project1.exe	D:\VB98	$(AppPath)

10. 按完成(F)，需要可輸入註釋。

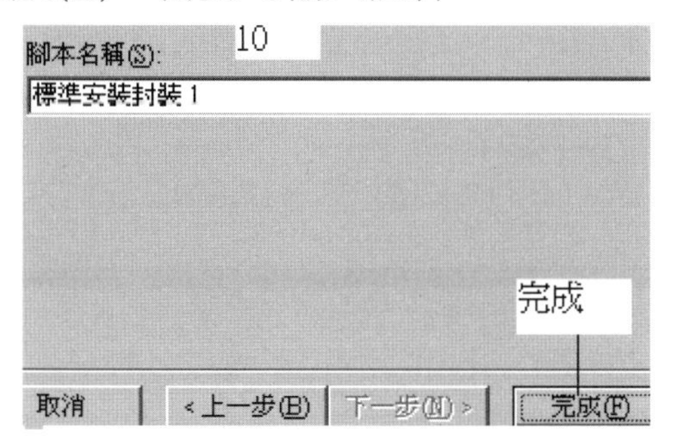

→ 尋找安裝檔的位置。

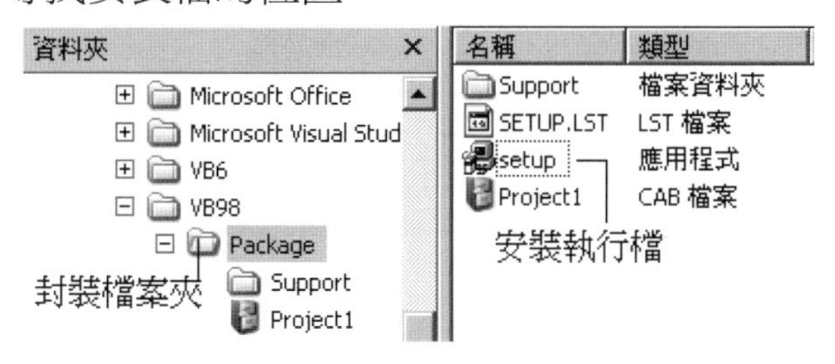

→ Package檔案夾setup.exe，可安裝到其他的電腦上。

◆ 製作功能表

→ 開啓Visual Basic程式，選擇標準執行檔。
→ Form表單工作區。

1. Visual Basic功能表→工具(T)→功能表編輯器(M)。

編輯(E) 檢視(V) 專案(P) 格式(O) 偵錯(D) 執行(R) 查詢(U) 圖表(I) 工具(T)
滑鼠左鍵

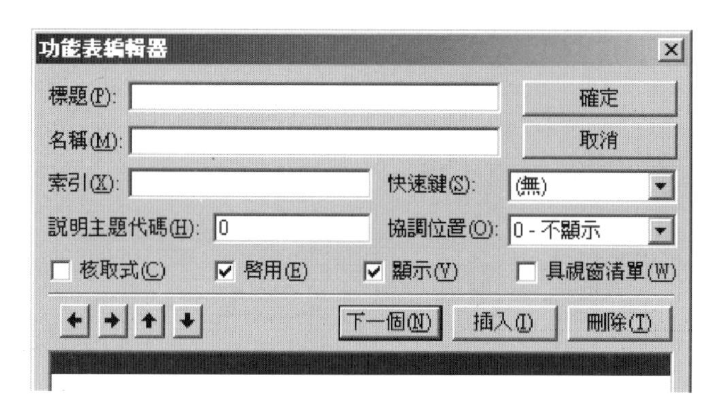

2. 編輯自己想要的功能表內容。
→ 標題(P)：檔案
→ 名偁(M)：files
→ 按下一個(N)

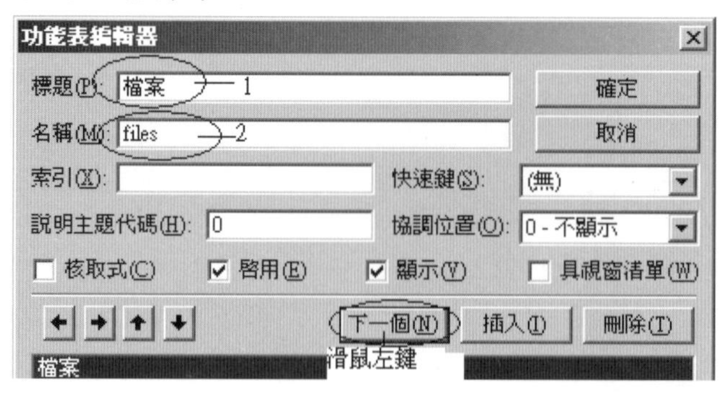

3. 編輯功能表檔案的開舊檔選項。

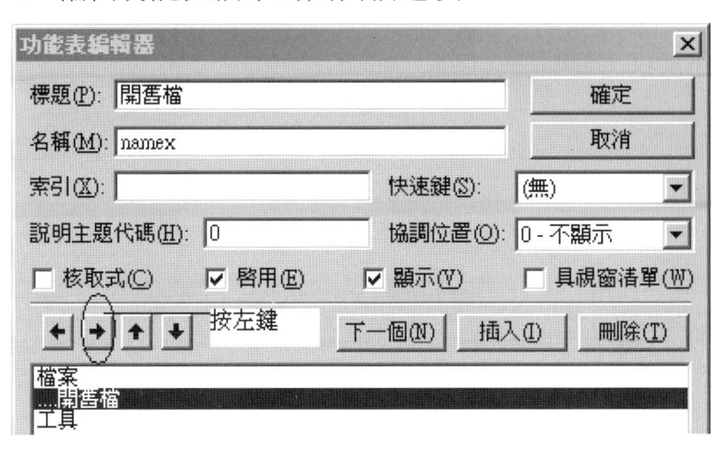

4. 編輯自己其他想要的功能表內容。
5. 完成想要的功能表內容後按確定。

→ 執行測試：(功能鍵F5)或功能表→執行(R)→開始(S)。

◆ 執行檔圖示

→ 開啟Visual Basic程式，選擇標準執行檔。
→ Form1的屬性區中選擇Icon(圖示)。

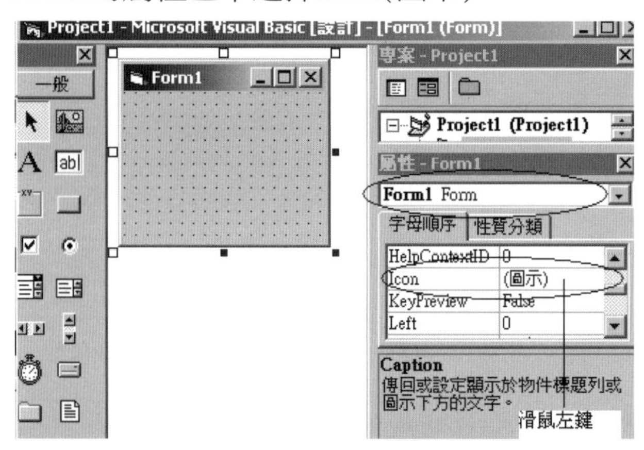

1. 選擇自己喜歡的圖示*.ico 開啟(O)。

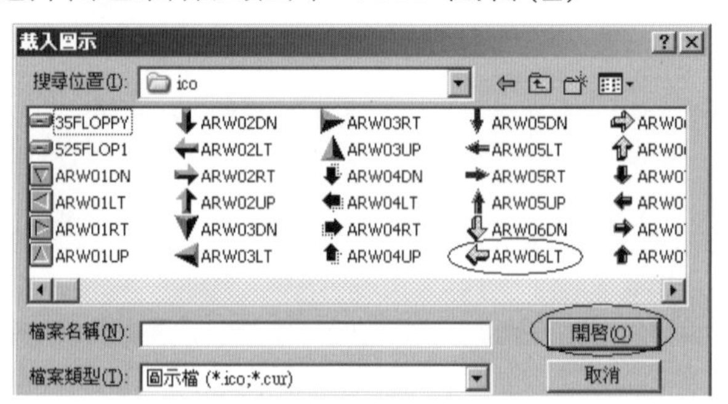

2. 更換表單圖示後的狀況。

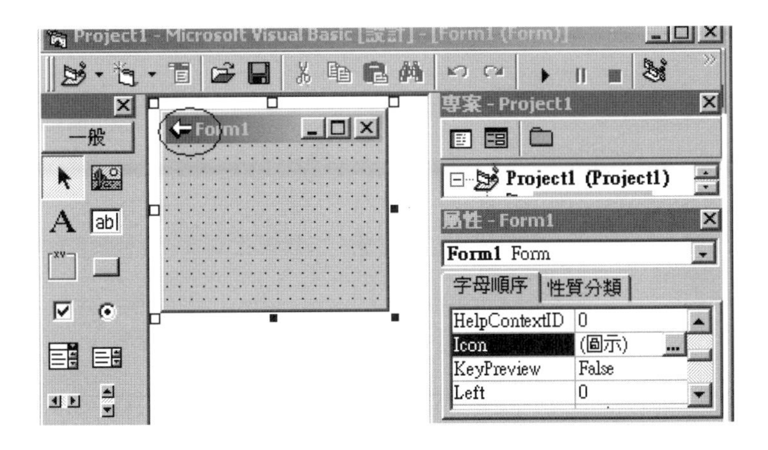

→ 製成執行檔後，以此小圖示作爲檔案圖示。

筆記

Visual Basic

第二章
Visual basic基本操作

◆ Visual Basic控制項物件

→ 文字控制項物件

Label控制項物件：顯示文字與數字資料用。
TextBox控制項物件：顯示、輸入文字與數字資料用。

→ 滑動光棒控制項物件

HScroll控制項物件：移動水平滑動光棒可改變數據。
VScroll控制項物件：移動垂平滑動光棒可改變數據。

→ 執行程序控制項物件

CommandButton控制項物件：物件上按滑鼠左鍵執行程序。

→ 圖案處理控制項物件

Image控制項物件：圖案檔，圖相關用。
PictureBox控制項物件：圖形轉換處理。

→ 時間處理控制項物件

Timer控制項物件：計時器，計時用。

→ 資料列控制項物件

ListBox控制項物件：可顯示、選擇資料列。
ComboBox控制項物件：可顯示、輸入、選擇資料列。

→ 收納控制項物件

Frame控制項物件：物件收納。

→ 基本繪圖控制項物件

Line控制項物件：產生線。
Shape控制項物件：產生圓形，方塊的物件。

→ 檔案控制項物件

Drive控制項物件：顯示磁碟機代號。
Dir控制項物件：顯示檔案夾。
File控制項物件：顯示檔案名稱。

→ 選項控制項物件

OptionButton控制項物件：選項勾選。
CheckBox控制項物件：選項可複選勾選。

◆ 變數型別的文法宣告

位置名	變數	屬於	型別	'說明
Dim Private Public	自訂變數名稱	As	Integer Long Single Double Boolean String	'-2^15 ~ 2^15整數 '-2^31 ~ 2^31整數 '單浮點數 '雙浮點數 '佈林 '字串

◆ Visual Basic常用的使用字

使用字	說明	使用字	說明	使用字	說明
( )	括號	If	如果	Private	私用
As	屬於	Then	然後	Public	公用
Sub	屬序	Else	否則	Dim	自用
End	結束	Select	選擇	Integer	整數
Exit	離開	Case	選件	Long	長整數
Mod	餘數	Do	做	Single	單浮點
For	迴圈	Loop	環狀	Double	雙浮點
To	到	While	直到	Boolean	佈林
Next	下一			String	字串

☆ ' 符號之後程式自動換行不執行，所以可寫爲註解說明。

☆ : 符號爲程式的換行鍵，此符號之後，可接下一行程式碼，實際上是兩行程式碼，用(:)符號合併成一行。

☆ _ 符號可將程式碼分行，此符號之後，可將一行程式碼分成二行，實際上是一行程式碼。

☆ 不同型別的變數不能運算。

◆ 程式的開始

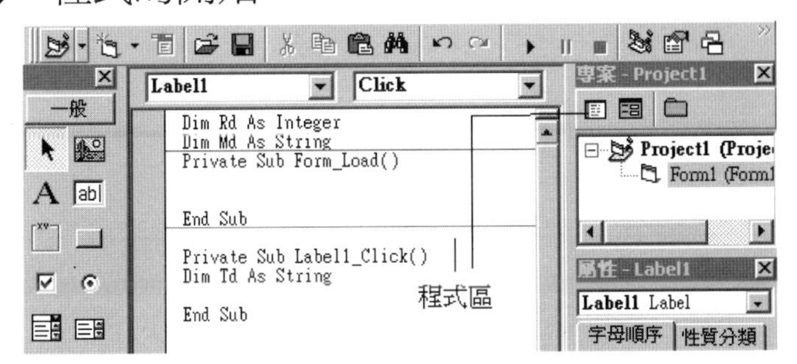

Dim Rd As Integer　　' 宣告外部變數Rd以整數型別
Dim Md As String　　' 宣告外部變數Md以字串型別
　　' Dim 自訂變數名稱 As 型別
　　' 自訂變數名稱不能與VB使用字相同
　　' 物件程式範圍外宣告變數稱外部變數
'外部變數使用範圍在Form表單內所有地方
'外部變數直到Form表單關閉後才結束使用
'外部變數在Form表單物件程式內外使用，數據都可保留
Private Sub Form_Load() '私用範圍物件 表單_載入程式開始
…
End Sub ' 私用範圍物件 Form_Load程式結束

Private Sub Label1_Click() '私用範圍物件Label1_Click程式開始
Dim Td As String ' 宣告內部變數Td以字串型態
　' 宣告內部變數使用範圍只能在Label1_Click程式中使用
　' 在物件程式範圍內宣告變數稱內部變數
…
End Sub '私用範圍物件 Label1_Click程式結束
'私用範圍物件 Label1_Click程式結束，內部變數Td結束使用

☆ 程式是從最上行開始往下執行

◆ 數學運算

→ 運算符號

符號	功能	符號	功能
+	加	-	減
*	乘	/	除 5 / 2=2.5
^	指數3^2=9	\	取商 8 \ 3=2
-	負數	Mod	取餘數 7 Mod 2 = 1

→ Visual Basic數學運算符，有運算先後順序簡單用小括弧區分運算符運算先後順序

● 例題: 5 + 3 * 6 + 7

→ 先5加3後乘6再加7→((5 + 3) * 6) + 7

→ 先5加3後再6加7再互乘→(5 + 3) * (6 + 7)

→ 一般數學運算寫法：

```
Y = Z + 1    ' Y←Z + 1
X = Y        ' (Y值移到X)
```

☆ 一般數學運算方程式X = X+1，方程式不成立

☆ Visual Basic是數學運算指令，X=X+1，文法成立

→ Visual Basic數學運算指令 X=X+1

```
X = X+1      ' X加1後再放回X
```

● 例題: X=5 , X=X+1的Visual Basic數學運算？

```
X=5          ' X←5
X = X+1      ' X = 6
```

◆ 比較運算

→ 設變數a,b,c…Y,Z

→ 比較符號

<	小於	<=	等於小於
>	大於	>=	等於大於
=	等於	<>	不等於

◆ 佈林運算

→ 佈林符號

成立 → True ；不成立 → False

● 例題: 6 > 5 的佈林符號?

→ Visual Basic 語言準備工作

∨ 開啓Visual Basic程式，選擇標準執行檔。
∨ 在Form1工作區表單用滑鼠雙擊左鍵進入程式區。

→ Visual Basic 程式碼

```
Private Sub Form_Load()
Form1.Caption = (6 > 5)        ' Form1.Caption=True
End Sub
```

● 例題: 5 > 6 的佈林符號 → False
● 例題: a = 5 , b = 6 →a = b 的佈林符號 False

◆ 邏輯運算

→ 邏輯運算符號

False→0 不成立 ， True→1 成立

X	Y	X Or Y	X And Y	X Xor Y	X Eqv Y	Not Y
0	0	0	0	0	1	1
0	1	1	0	1	0	0
1	0	1	0	1	0	1
1	1	1	1	0	1	0

■ X Or Y: 其中X，Y有一個是True時，是True
X，Y都是False時，才是False

● 例題: 5 > 2 Or 3 < 1 的佈林符號
5 > 2→True，3 < 1→False，(True Or False) = True

■ X And Y: 其中X，Y有一個是False時，是 False
X，Y都是True時，才是True

● 例題: 5 > 2 And 3 < 1 的佈林符號
5 > 2→True ; 3 < 1→False ; (True And False) = False

■ X Xor Y: 其中X，Y不相同時，是True
X，Y相同時，是False

● 例題: 5 > 2 Xor 3 < 1 的佈林符號
5 > 2→True ; 3 < 1→False ; (True Xor False) = True

■ X Eqv Y: 其中X，Y不相同時，是False
X，Y相同時，是True
Eqv代替符號為=

● 例題: 5 > 2 = 3 < 1 的佈林符號
5 > 2→True ; 3 < 1→False ; (True = False)→False

■ Not Y: 是Y的反向

● 例題: Not 3 < 1 的佈林符號
3 < 1→False ; (Not False)→True

☆ Visual Basic邏輯運算符有先後順序
(先運算的邏輯運算符加小括弧)

● 例題: Not X > Y And X < Z

先Not後And	(Not X > Y) And X < Z
先And後Not	Not (X > Y And X < Z)

◆ If 條件式 Then 的文法結構

```
If 條件式   Then
…          '條件式成立
Else
…          '條件式不成立
End if     '條件式結束
```

→ If 條件式成立就進入Then下一行，如果條件式不成立進入Else下一行。條件式成立時不會進入Else…End if

→ Else …End if之間無程式碼，Else可省略。

☆ 程式是從最上行開始往下執行的，遇到條件式才會跳行。

● 例題:

```
If 5 > 7 Then   '5 > 7不成立進入Else行
  …
  Else
  …        '5 > 7不成立進入此行
  End if
```

→ 5 > 7不成立所以進入Else下一行執行

● 例題: a = 5, b = 7

```
If a < b Then   'a < b成立進入Then下一行
…        'a < b成立進入此行
End if
```

→ a < b成立進入Then下一行執行，直到Else行時離開。

→ Else …End if之間無程式碼，Else可省略。

☆ 兩組以上If 條件式組成時， If 條件式 Then 配置以後，無出現Else或End if，而先出現If使用字的情況下，先配置(If 條件式 Then)的Else或End if將延後一個。(另類If不算在內)

● 例題:

```
If 5 < 7 Then       '
          …             ' If 5 < 7條件件成立進入此行
             If 3 < 9 Then '
              …         ' If 3 < 9條件件成立進入此行
             Else        ' 屬於(If 3 < 9)的Else
             …
             End if      ' 屬於(If 3 < 9 )的結束
             …
Else               ' 屬於(If 5 < 7)的Else
 …
End if              '屬於(If 5 < 7)的結束
```

● 例題:

```
If 5 > 7 Then        ' If 5 > 7條件不成立進入Else
…
             If 3 < 9 Then
             Y=1
             …
             Else       '屬於(If 3 < 9)的Else
             …
             End if     '屬於(If 3 < 9)的條件式結束
…
Else             '屬於(If 5 > 7)的Else
…             ' If 5 > 7 條件不成立進入此行
End if            '屬於(If 5 > 7)的條件式結束
```

◆ Select Case 的文法結構

→ 多選擇性的條件式

```
Select Case  變數名  ' Select 條件式開始
 Case  數據A      ' 變數名不等於數據A進入(Case 數據B)行
…             ' 變數名等於數據A進入此行
…
 Case  數據B    ' 變數名不等於數據B進入(Case 數據C)行
…            ' 變數名等於數據B進入此行
…
 Case  數據C   ' 變數名不等於數據C(進入End Select)行
…            '變數名等於數據C進入此行
End Select       'Select 條件式結束
```

● 例題:

```
 Dim Y As Integer
 Y = 3
 Select Case Y
 Case 1:          ' (Y=3)不等於1往(Case 0)行比對
 …                '
 Case 0:          ' (Y=3)不等於0往(Case 3)行比對
 …                '
 Case 3:          ' (Y=3)等於3往下一行
 …                '
 End Select          ' Select 條件式結束
```

→ 兩組以上Select Case組成時， Select Case 配置以後，無出現End Select，是先出現Select Case使用字的情況下，先配置(Select Case)的End Select將延後一個。

◆ Do，Loop，While的文法結構

→ 先進入執行程式後測試條件式

```
Do              先進入執行程式
…
Loop While 條件式  ' 條件式成立往Do行
                  ' 條件式不成立往Loop While下一行
```

● 例題:

```
Private Sub Form_Load()
b = 1
Do                '先進入下一行執行程式
b = b + 1
Loop While  b < 3   ' b < 3 成立往Do行
                    ' b < 3 不成立往Loop While下一行
End Sub
```

● 例題:

```
Private Sub Form_Load()
a = 1
Do                    '先進入下一行執行程式
a = a *2              ' a*2 後放回 a
Loop While  a <10     'a < 10 成立往Do行
                      ' a < 10 不成立往Loop While下一行
End Sub
```

→ 兩組以上Do 組成時，Do配置以後，無出現Loop，是先出現Do使用字的情況下，先配置Do的Loop將延後一個。

◆ For迴圈式的文法結構

→ 重複功能

→ A，B，Y，X，Rd 爲變數整數，C爲爲正整數

```
For Y = A To B Step C
…
Next  ' 自動 Y=Y+C測試 Y > B不成立回For下一行
      ' Y>B 成立進入Next下一行離開
```

● 例題:

```
For Y = 0 To 5        ' Step 1 時可省略
…
…
Next  ' 自動(Y=Y+1)後測試Y > 5不成立回For下一行
      ' Y > 5成立進入Next下一行
```

● 例題:

```
For Rd = 0 To 6 Step 2
…
Next  ' 自動(Rd=Rd+2)後測試Rd > 6不成立回For下一
行
      ' Rd > 6成立進入Next下一行
```

A，B，Y，X，Rd 爲變數整數，C爲負整數

```
For Y = A To B Step C
…
Next  ' 自動 Y=Y+C測試 Y < B 不成立回For下一行
      ' Y < B 成立進入Next下一行離開
```

● 例題:

```
For X = 9 To 0 Step -1
…
Next '自動(X=X-1)後測試 X < 0，不成立回For下一行
    'X < 0成立進入Next下一行
```

→ 兩組以上For 組成時，For配置以後，無出現Next，是先出現For使用字的情況下，先配置For的Next將延後一個。

● 例題:

```
 p = 0                          '
For i = 0 To 6                  '
    For j = 0 To 3              '
       p = p + 1                '
  Next          '屬For j 的，( j = j +1)測試
 Next           '屬For i 的，( i = i +1)測試
Label1.Caption = p   ' p=28=(6+1)*(3+1)
```

● 例題:

```
  p = 0, c = 0, f = 0
For i = 0 To 6
     f = f + 1  '
   For j = 0 To 3
       c = c + 1 '
      For k = 0 To 2          '
        p = p + 1             '
      Next  '屬For k的，( k = k +1)測試
   Next    '屬For j的，( j = j +1)測試
 Next      '屬For i的，( i = i +1)測試
Label1.Caption = f    ' f=7，(6+1)
Label2.Caption = c    ' c=28，(6+1)*(3+1)
Label3.Caption = p    ' p=84，(6+1)*(3+1)*(2+1)
```

◆ 副程式(序)的使用

☆ 表單物件程式一定要在Private(私用)範圍

● 例題：

```
Private Sub Form_Load()   '表單_載入程式(序)開始
…
End Sub                   '表單_載入程式(序)結束
```

● 例題：

```
Private Sub Label1_Click()  ' Label1_Click物件程式(序)
開始
…
End Sub     '私用範圍Label1_Click物件程式(序)結束
```

☆ 表單物件名及功能看法

```
Private Sub 物件名_功能名()
…
End Sub
```

◆ 副程式(序)結構

→ 可私用，公用範圍，可加輸入值及傳回值

```
公(私)用範圍 Sub 自己設定名稱()
…
End Sub

公(私)用範圍 Function 自己設定名稱()
…
End Function
```

- 例題：私用無輸入值，無傳回值

```
Private Sub Imp_Mov()
…
End Sub
```

- 例題：公用有輸入值，無傳回值

```
Public Sub Imp_Mov( X As Integer )
…
End Sub
```

- 例題：私用無輸入值，有傳回值

```
Private Function test_h() As Integer
…
End Function
```

- 例題：公用有輸入值，有傳回值

```
Public Function test_open(X as Integer) As Integer
…
End Function
```

◆ 模組檔的使用

→ 將程式放到另一個檔案儲存，減少表單有過多的程式。

→ 此檔案程式可供其他專案或表單隨時使用。

→ 模組程式為Public(公用)範圍，表單與物件相關程式不要寫入。例題: Label1.Caption = Test ' 不要寫入模組中。

→ 模組程式，公用變數與公用副程式可在表單與物件程式中使用，變數資料會保留延續。

◆ 模組的建立

在專案欄空白按滑鼠右鍵→新增(A)→模組(M)
或功能表→專案(P)→新增模組(M)

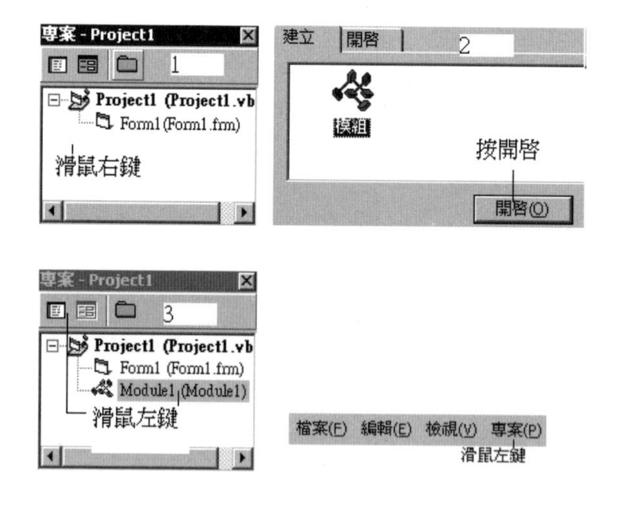

◆ Print指令

● 例題: 用Print 指令將一串文字印在Form1表單上。

→ Visual Basic 語言準備工作

→ 開啓Visual Basic程式，選擇標準執行檔。

→ 在屬性區中更改自己所需要的資料。

更改前

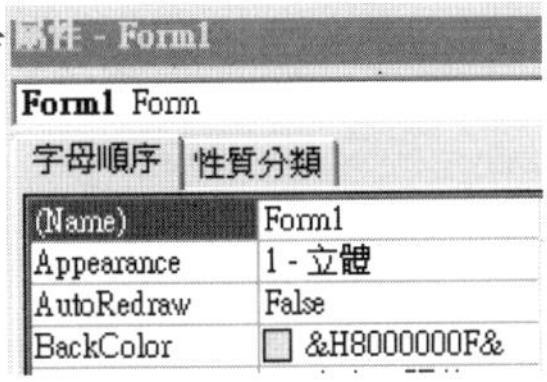

屬性 - Form1

Form1 Form

字母順序 | 性質分類

(Name)	Form1
Appearance	1 - 立體
AutoRedraw	False
BackColor	&H8000000F&

更改後

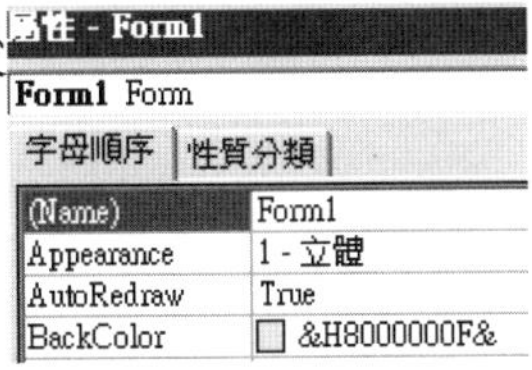

屬性 - Form1

Form1 Form

字母順序 | 性質分類

(Name)	Form1
Appearance	1 - 立體
AutoRedraw	True
BackColor	&H8000000F&

物件名	屬性名	屬性質(改)
Form1	AutoRedraw	True
Form1	ScaleMode	3-像素

→ 在工作區Form表單中雙擊滑鼠左鍵進入程式區。

→ 在程式區中選擇Form右邊Load選擇MouseMove

→ 在程式區中多了Form_MouseMove程式碼

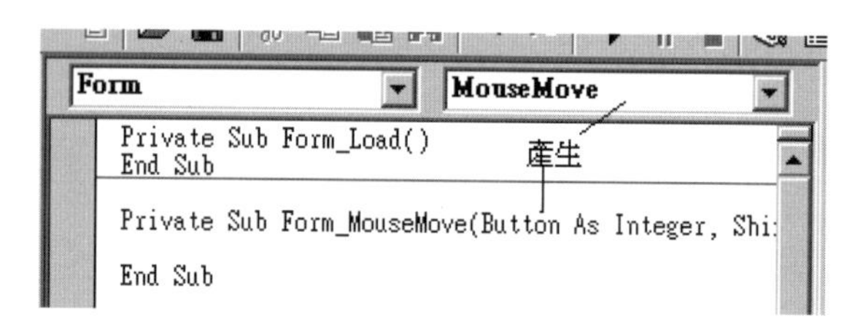

→ Visual Basic程式碼(檔名:print)

```
1.  Private Sub Form_MouseMove(Button As Integer, Shift
    As Integer, X _
2.  As Single, Y As Single)  '
3.  Me.Cls                        '清除表單畫面
4.  Form1.Caption = X & "," & Y  '顯示滑鼠位置
5.  Me.CurrentX = X         '輸入Form1表單水平位置
6.  Me.CurrentY = Y         '輸入Form1表單垂直位置
7.  Print "  print word"     'Form1表單顯示print word字串
8.  End Sub
```

→ Visual Basic程式碼解析

1~8行：表單滑鼠移動程序。
3行：清除表單畫面。
4行：顯示滑鼠位置。
7行：顯示print word字串。

→ 執行測試：(功能鍵F5)或功能表　執行(R)　開始(S)

◆ 基本繪圖指令

Circle(圓心X,Y),半徑,顏色,弧開始,弧結束,…
Line(開始X, 開始Y)-(結束X, 結束Y), 顏色,型式
Pset(點X, 點Y), 顏色
(型式　B：方線，型式　BF：方塊)

● 例題：在Form1表單上繪線，方塊，圓，半圓。

→ Visual Basic 語言準備工作

→ 開啓Visual Basic程式，選擇標準執行檔。

→ 在工作區表單中雙擊滑鼠左鍵進入程式區。

→ 在程式區中選擇Form右邊Load下拉鈕，選擇MouseMove

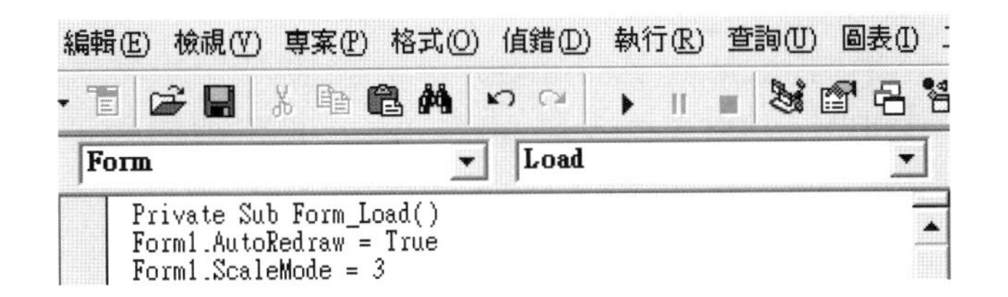

→ 在程式區中多了Form_MouseMove程序。

→ Visual Basic程式碼(檔名:write)

```
1.  Private Sub Form_Load()
2.   Form1.AutoRedraw = True
3.   Form1.ScaleMode = 3
4.   Line (15, 5)-(30, 25), RGB(255, 0, 0)
5.   Line (15, 30)-(30, 50), RGB(0, 255, 0), B
6.   Line (15, 55)-(30, 75), RGB(0, 0, 255), BF
7.   PSet (15, 80), RGB(0, 0, 0)
8.   Circle (20, 120), 20, RGB(0, 0, 0)
9.   Circle (50, 150), 20, RGB(0, 0, 0), 0, 3
10.  Circle (75, 175), 20, RGB(0, 0, 0), 0, 3, 3
11. End Sub

12. Private Sub Form_MouseMove(Button As Integer, Shift
    As Integer, _
13.  X As Single, Y As Single)       '移動滑鼠進入程式
14.  Form1.Caption = X & "," & Y      '顯示滑鼠位置
15. End Sub
```

→ Visual Basic程式碼解析

1~11行：表單載入。
2行：自動重畫參數。
3行：像素模式。
4行：劃線 (15, 5)-(30, 25)紅色。
5行：劃線 (15, 30)-(30, 50),綠色,矩形虛心。
6行：劃線 (15, 55)-(30, 75),藍色,矩形實心。
7行：點 (15, 80),黑色。
8行：劃圓(20, 120),20,黑色。

9行：劃圓(50, 150),20,黑色,弧0~3。
10行：劃圓(75, 175),20,黑色,弧0~3,橢圓。
12~15行：滑鼠移動程序。
14行：顯示滑鼠位置(&符號爲串聯用)。

→ 執行測試：(功能鍵F5)或功能表→執行(R)→開始(S)

◆ 螢幕座標與數學座標

→ 螢幕座標(0,0)在螢幕左上角，只能顯示1個象限。

→ 數學座標(0,0)在座標中間，可以顯示4個象限。

→ 螢幕Y軸數值方向與數學Y軸數值方向相反。

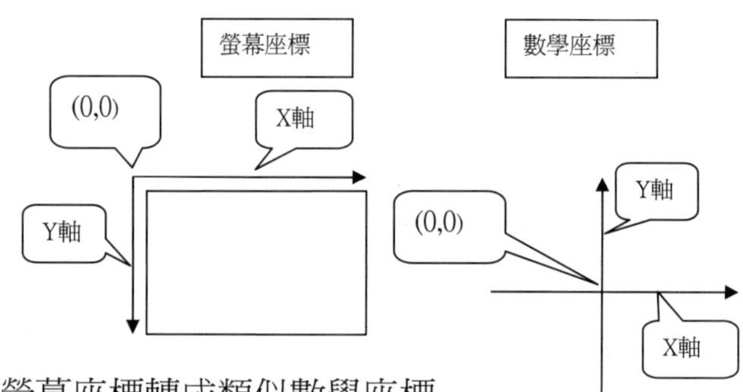

→ 螢幕座標轉成類似數學座標

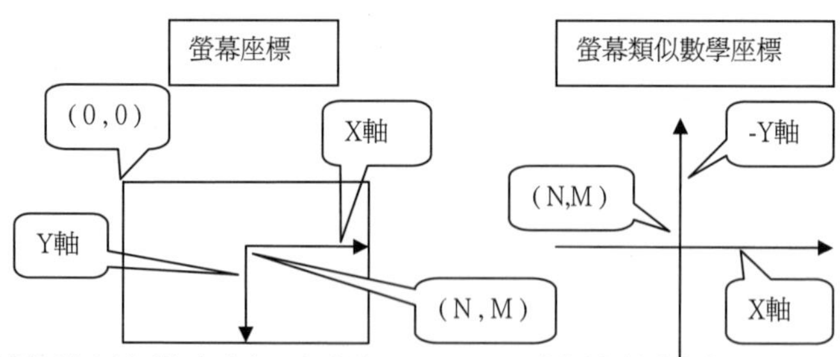

螢幕類似數學座標：原點(N,M)，Y軸數值轉負Y

● 例題：畫Y=2*X+6方程式的座標

→ Visual Basic 語言準備工作

∨ 開啓Visual Basic程式，選擇標準執行檔。

1. Visual Basic 程式碼(檔名:writeline)

2. Private Sub Form_Load()
3. Dim X, Y As Double
4. Form1.AutoRedraw = True: Form1.ScaleMode = 3
5. Form1.Caption = " Y = 2 * X + 6 "   ' Y = 2 * X + 6
6. Line (50, 50)-(200, 50), RGB(0, 0, 0)   ' 原點(100,50)畫x軸
7. Line (100, 10)-(100, 120), RGB(0, 0, 0) ' 原點(100,50)畫y軸
8. For X = -30 To 30
9. Y = (2 * X) + 6   ' Y = 2 * X + 6
10. ix = (X) + 100   ' X軸參數
11. iy = (-Y) + 50   ' Y軸數值轉 負Y
12. PSet (ix, iy), RGB(0, 0, 255) ' 畫點
13. Next
14. End Sub

→ Visual Basic 程式碼解析

1~13行：表單程序。
2~3行：設定參數。
5~6行：畫X軸與Y軸相交於(100,50)當原點。
8行：計算。
9行：X軸參數。
10行：Y軸參數。
11行：畫點。

→ 執行測試：(功能鍵F5)或功能表→執行(R)→開始(S)

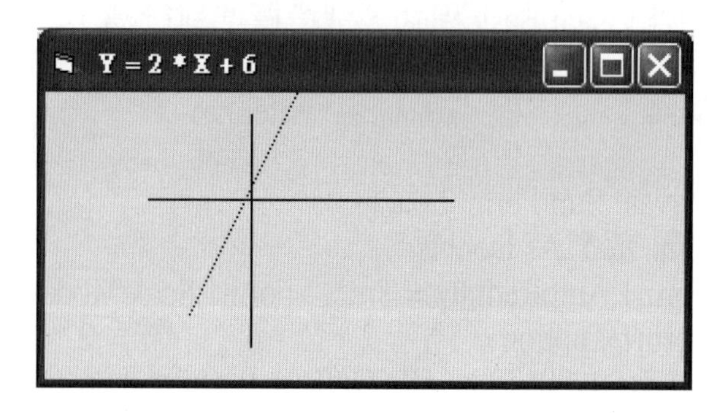

Visual Basic

第三章
程式技巧

◆ 變數、陣列變數、資料型別、副程式命名

→ 變數的命名盡可能與變數使用意義相近。

● 例題：有一個資料，作爲移動量用。

→ Visual Basic 語言 '

```
Dim Movei As Integer  ' Move爲移動，i爲整數。
```

→ Visual C 語言

```
int Movei；  //(//號之後是C語言註解)。
```

● 例題：有1位英文名字，要作爲顯示用。

→ Visual Basic 語言

```
Dim NameShowS As String  ' Name爲名字，show爲顯示。
```

→ Visual C 語言

```
char NameShowS；  //Name爲名字，show爲顯示。
```

● 例題：在Visual Basic的Form表單上，作A = 3。

→ Visual Basic 語言

```
Private Sub Form_Load()
   A = 3      'A ← 3
 End Sub
```

● 例題：一個副程式，作資料的更新。

→ Visual Basic 語言

```
Private Sub Data_Online()
                    'Data爲資料，Online更新。
            …
End Sub     '
```

◆ 數學運算，邏輯運算的技巧

→ 任何應用軟體的運算符號，有不同運算順序。
→ 不用在意它，先運算的符號與數字，就用小括號。

● 例題：3 + 5 * 6 - 4 / 2 - 1 = 30

→ 3 + (5 * 6) - (4 / 2) - 1 = 30

→ 任何應用軟體的運算邏輯符號，有不同運算順序。
→ 不用在意它，先運算的邏輯符號，就用小括號。

● 例題: False And True Or True = True

→ (False And True) Or True = True

◆ 選用條件式的技巧

→ If …Then
→ 適用條件式成立後才進入程式。
→ 適用一組邏輯判斷條件成立後才進入程式。

● 例題：10分鐘時歸零。

→ Visual Basic 語言

```
If Min = 10 Then        ' Min =10時，往下一行
  Min = 0               ' Min = 0
End If
```

→ Visual C 語言

```
  If (Min = 10)
   {
   Min = 0;
   }
```

● 例題：24小時過後歸零。

→ Visual Basic 語言

```
If Hou = 24 Then    ' Hou =24時，往下一行。
 Hou = 0          ' Hou = 0
End If
```

☆ Select Case適用多選項，選其中之一。

● 例題：12點吃中飯，18點吃晚飯，20點看電視。

→ Visual Basic 語言

```
Select Case Hou
  Case 12
  ThingW = "12點吃中飯"
  Case 18
  ThingW = "18點吃晚飯"
  Case 20
  ThingW = "20點看電視"
 End Select
```

→ Visual C 語言

```
  switch (Hou)
{
 case 12:
 ThingW = "12點吃中飯" ;
 case 18:
 ThingW = "18點吃晚飯" ;
 case 20:
 ThingW = "20點看電視" ;
}
```

☆ Do，Loop，While 適用先進入執行程式後再判斷

例題：中午吃飯吃了3碗才停。

→ Visual Basic 語言

```
Do
Mn = Mn+1
Loop While Mn < 3    ' 3碗
```

Visual C 語言

```
do
{
Mn = Mn+1;
}
while (Mn < 3);   // 3碗
```

例題：看電影，看了2小時才出來。

→ Visual Basic 語言

```
Do
Hou = Hou+1
Loop While Hou < 2    ' 2小時
```

→ Visual C 語言

```
do
{
Hou = Hou+1;
}
while (Hou < 2);    // 2小時
```

◆ 整理Visual Basic最常用的文法結構

→ 設變數名稱爲 Xa,Xb…Xz

```
' 表單內宣告變數文法結構
Dim Xa As Integer     '整數
Dim Xb As Long       '長整數
Dim Xc As Single     '單浮點
Dim Xd As Double     '雙浮點
Dim Xe As String     '字串
Dim Xf As Boolean    '佈林
Dim Xg(a)    ' 一維陣列a爲大於等於零的正整數
Dim Xh(a,…n)  ' n維陣列a…n爲大於等於零的正整數

' 模組內宣告變數文法結構

Public Xi As Integer    '公用整數
Public Xj As Long       '公用長整數
Public Xk As Single     '公用單浮點
Public Xl As Double     '公用雙浮點
Public Xm As String     '公用字串
Public Xn As Boolean    '公用佈林
Public Xp(a, b)  ' 二維陣列a，b爲大於等於零的正整數
Public Xq(a, …n)  ' n維陣列a…n爲大於等於零的正整數

'----迴圈式文法結構
For Xa = 0 To Xb
'…
Next
```

```
'----條件式文法結構
If Xc > Xd Then
'…
Else        '
'…
End If
'----條件式迴圈文法結構
Do
'…
Loop While Xa > Xd

'----選擇式文法結構
Select Case Xa
Case Xb
'...
 Case Xc
'...
End Select
```

◆ Visual Basic最常用六項控制物件

Label控制項物件：顯示資料用。
TextBox控制項物件：輸入文字或數字用。
HScroll控制項物件：移動水平滑動光棒可改變數據。
CommandButton控制項物件：執行程序用。
Timer控制項物件：計時器，可計時用。
ListBox控制項物件：資料列，可顯示資料與選擇資料。

◆ 程式簡單技巧

☆ 程式就是要簡單

- V 簡單的程式是不分程式大小長短的，而是要自己容易閱讀。
- V 程式要模組化，物件化。
- V 自己要多寫程式，程式變簡單了。
- V 自己要多學習別人的程式，程式變簡單了。
- V 能運用生活上常用到東西作爲題目，程式變簡單了。
- V 將小型電玩當作題目，程式變簡單了。
- V 2D圖形程式也許比3D圖形程式簡單。
- V 多學一些簡單的程式技巧。

☆ 程式就是要了解

- V 程式是一定要去自己了解它的來龍去脈。
- V 自己一定要去了解程式語言的文法與片語結構。
- V 程式語言的文法結構比英文文法結構簡單。
- V 程式中多寫一些註解。

☆ 程式就是要有用處

- V 程式到最後一定要用處，沒用的程式等於白寫。
- V 白寫的程式，變成你的經驗累積。
- V 程式是使用者的介面，使用者只看結果不看程式。
- V 功能一樣，每位寫程式者，程式碼是不同的。

☆ 程式就是要有步驟

∨ 程式到最後複雜度升高，亂了分寸，須找回你的步驟與 節奏。
∨ 體會你的題目意義，回想初期寫程式的目的。
∨ 寫程式一開始就要建立你的步驟與節奏。
∨ 你的步驟與節奏越好，你寫的程式感覺會越好。

☆ 程式就是要有規劃

∨ 程式要規劃一些變數、物件等等的東西。
∨ 程式碼有重複出現的區域，盡量規劃成副程式。
∨ 特殊過長的程式碼區域，盡量規劃成副程式，較容閱讀。
∨ 程式規劃的滿足點，直到程式達到目的為止。

☆ 程式就是會有問題

∨ 寫程式一定會碰到問題，一個一個解決問題是不變的道理。
∨ 解決問題程式，是要時間的，是要多次執行測試的。
∨ 尋找問題程式，單步執行程式，是最基本的。
∨ 多個問題程式出現後，交互的解決問題，是必須的。
∨ 解決問題程式前，儲存檔案是必要的手續。

☆ 物件的屬性欄，更換所需屬性質參數，可減少程式碼。

☆ 使用程式語言內建的函數，可縮短寫程式時間。

☆ 規劃較大程式，要使用流程圖，來輔助你。

◆ 寫程式的流程圖

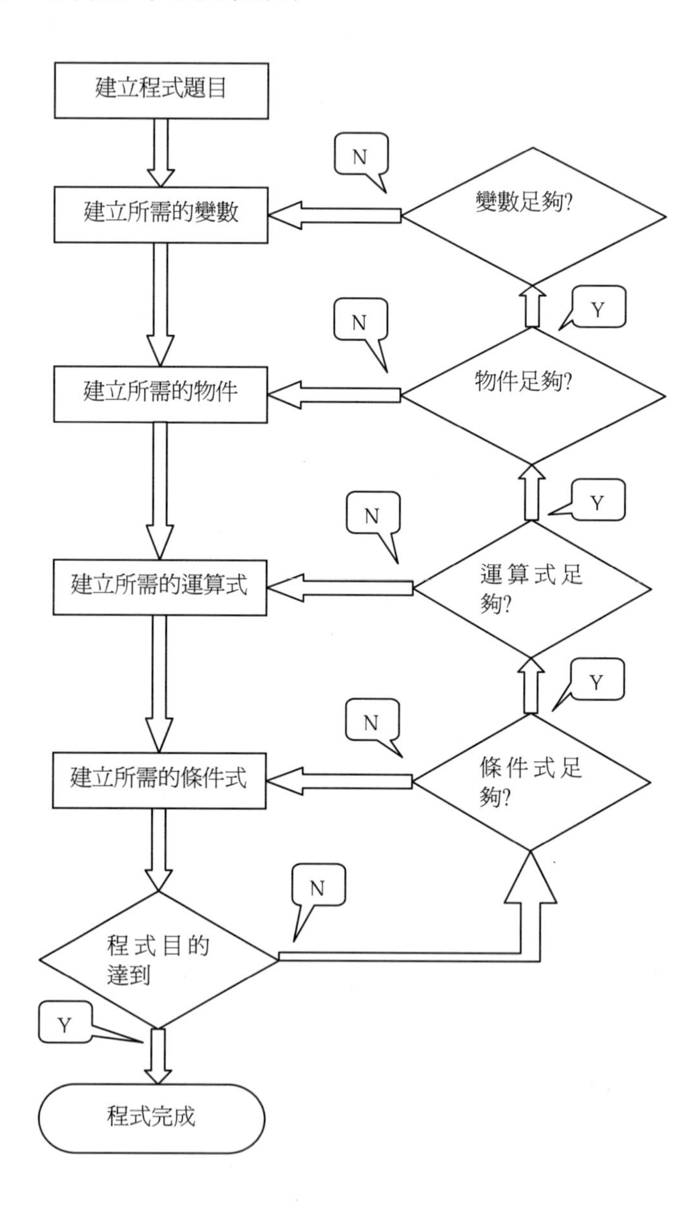
建立程式題目
建立所需的變數
N
變數足夠?
N
Y
建立所需的物件
物件足夠?
N
Y
建立所需的運算式
運算式足夠?
N
Y
建立所需的條件式
條件式足夠?
N
程式目的達到
Y
程式完成

◆ 簡單的程式練習

● 例題：按鍵盤任何一個鍵，顯示鍵盤代碼。
→ 一般解法：按鍵盤任何一個鍵產生字。
→ 標準轉換方程式：顯示鍵盤代碼。

→ Visual Basic 語言準備工作

∨ 開啓Visual Basic程式，選擇標準執行檔。
∨ 在工作區表單產生物件(Label)二個。

→ Visual Basic 表單物件排列狀況

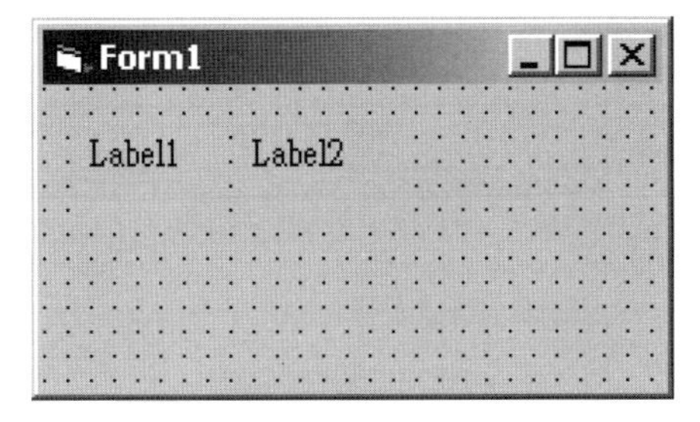

→ 在屬性區中更改自己所需要的資料

物件名	屬性名	屬性質(改)
Label1	Caption	鍵盤代碼 :
Label2	Caption	(空白)
Label1	Alignment	2-置中對齊
Label2	Alignment	2-置中對齊

→ Visual Basic 程式區
→
→ 在工作區表單中雙擊滑鼠左鍵進入程式區。
→ 產生Form_KeyUP 程序。

→ Visual Basic 程式碼(檔名：keycode)

```
1. Private Sub Form_KeyUp(KeyCode As Integer, Shift As
   Integer)
2. Label2.Caption = KeyCode
3. End Sub
```

→ Visual Basic 程式解析

1~3行：表單按鍵程序。
2行：顯示鍵盤代碼。

→ 執行測試：(功能鍵F5)或功能表→執行(R)→開始

◆ 溫度轉換

● 例題：溫度計攝氏25度時，華氏溫度與絕對溫度是等於多少？

→ 數學解法：攝氏25 = (F - 32) * (5 / 9)
→ 數學解法：絕對溫度K = 273 + 25
→ 數學解法：華氏F = ((9 / 5) * 25) + 32
→ 標準式：C = (F - 32) * (5 / 9)
→ 標準式：K = 273 + C
→ 標準式：F = ((9 / 5) * C) + 32
F，C，K　爲浮點變數

→ Visual Basic 語言準備工作

∨ 開啓Visual Basic程式，選擇標準執行檔。
∨ 在工作區表單產生物件(VScrollBar)一個。
∨ 在工作區表單產生物件(Label)七個。

→ Visual Basic 表單物件排列狀況

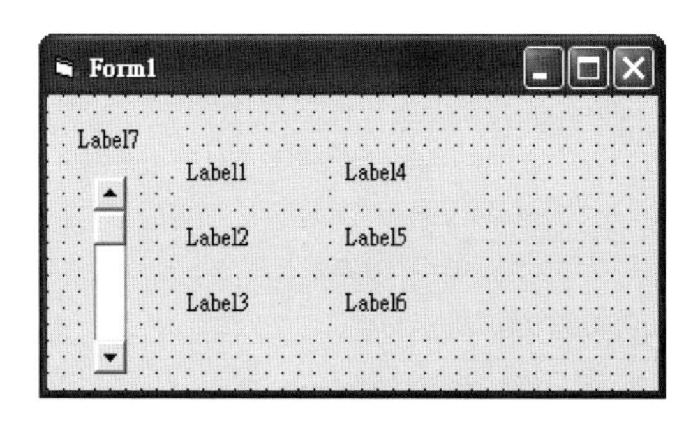

→ 在屬性區中更改自己所需要的資料

物件名	屬性名	屬性質(改)
Label1	Caption	攝氏
Label2	Caption	華氏
Label3	Caption	絕對溫度
Label7	Caption	移動光棒
Label4…Label6	Caption	
Label1…Label7	Alignment	2-置中對齊
VScroll1	Max	-300
VScroll1	Min	300

→ Visual Basic 程式碼(檔名：temp)

```
1.  Private Sub VScroll1_Change()   '
2.  Label4.Caption = VScroll1.Value
3.  Label5.Caption = ((9 / 5) * VScroll1.Value) + 32
4.  Label6.Caption = 273 + VScroll1.Value
5.  End Sub
```

→ Visual Basic 程式解析

1~5行：滑動光棒程序。
2行：顯示攝氏溫度。
3行：顯示攝氏與華氏轉換。
4行：顯示攝氏與絕對溫度轉換。

→ 執行測試：(功能鍵F5)或功能表→執行(R)→開始(S)

◆ 重力加速度

● 例題：小明的書包從8公尺掉到地面，需要多少時間?

→ 數學式：8公尺 = (1 / 2) *9.8*(T)^2，(註 T^2為T的平方)

→ 標準式：S為公尺，g為重力加速度，T為時間

→ 標準式：S=(1 / 2)*g*(T)^2；(2*S) / g=(T)^2

→ S， g ， T 為浮點變數

→ Visual Basic 語言準備工作

∨ 開啓Visual Basic程式，選擇標準執行檔。

∨ 在工作區表單產生物件(Label)四個。

∨ 在工作區表單產生物件(VScrollBar)一個。

∨ 在工作區表單產生物件(CommandButton)一個。

→ Visual Basic 表單物件排列狀況

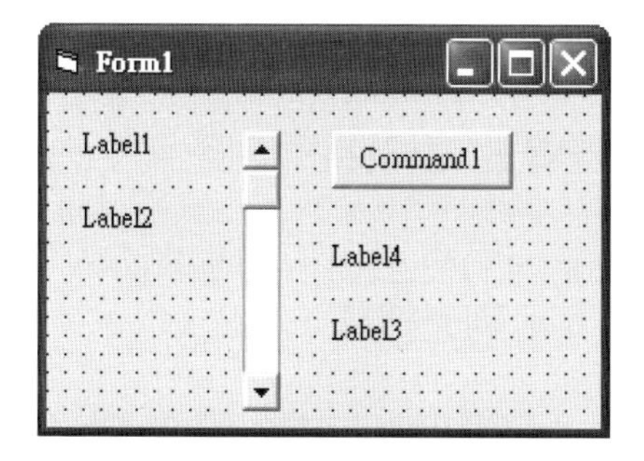

→ 在屬性區中更改自己所需要的資料

物件名	屬性名	屬性質(改)
Label1	Caption	移動高度公尺
Label4	Caption	到地面時間秒
Command1	Caption	計算
VScroll1	Max	0
VScroll1	Min	500

→ Visual Basic 程式碼(檔名：g98)

```
1. Dim T As Double     '時間
2. Dim S As Double     '公尺
3. Dim g As Double     ' 重力加速度

4. Private Sub Command1_Click()
5. g = 9.8              ' 地球重力加速度
6. T = Sqr((2 * S) / g)     ' Sqr開根號
7. Label3.Caption = T     ' 顯示時間
8. End Sub

9. Private Sub VScroll1_Change()     ' 滑動光棒
10. Label2.Caption = VScroll1.Value   ' 移動值
11. S = VScroll1.Value              ' 輸入移動值
12. End Sub
```

→ Visual Basic 程式碼

1~3行：宣告變數T爲時間，S爲公尺，g爲重力加速度。

4~8行：(2*S)/g=(T)^2 公式計算與顯示。

9~12行：輸入滑動光棒值，爲S公尺。

→ 執行測試：(功能鍵F5)或功能表→執行(R)→開始(S)

◆ 另類 If 條件式的文法結構

If 條件式 Then 程式碼

→ 如果條件式成立時，執行Then之後的程式碼。
☆ Then之後，程式碼無換行，以一行程式碼為主。
☆ 結束後，無需加 End If。

● 例題：0~30數字，顯示單數文字，不顯示雙數文字。

→ 規則=條件=範圍=操作=玩法
→ 一個滑動光棒，選擇一個0~30數字是單數就顯示單數文字，雙數就不顯示雙數文字。

◆ 流程圖

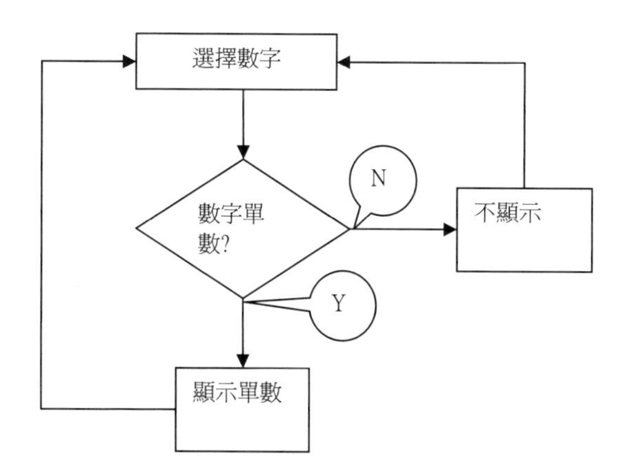

→ Visual Basic 語言準備工作

- 開啟Visual Basic程式，選擇標準執行檔。
- 在工作區表單產生物件(Label)一個。
- 在工作區表單產生物件(HScrollBar)一個。

→ Visual Basic 表單物件排列狀況

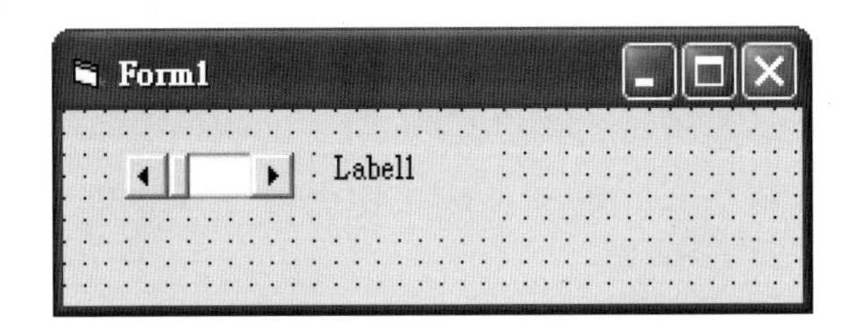

→ 在屬性區中更改自己所需要的資料

物件名	物件名(改)	屬性名	屬性質(改)
HScroll1	HScroll1	Max	30

→ Visual Basic 程式碼(檔名：ifthen)

```
1. Private Sub Form_Load()
2. Form1.Caption = "單數顯示"
3. End Sub
4. Private Sub HScroll1_Change()
5. Dim A As Integer
6. Label1.Caption = HScroll1.Value '
7. A = HScroll1.Value
8. If 1 = A Mod 2 Then Label1.Caption = A & "單數"
9. End Sub
```

→ Visual Basic 程式碼解析

1~3行：表單載入。
4~9行：滑動光棒1程序。
5行：宣告內部變數。
6行：顯示滑動光棒數據。
7行：得到滑動光棒數據。
8行：A / 2的餘數爲1時，顯示單數。

→ 執行測試：(功能鍵F5)或功能表→執行(R)→開始(S)

→ 單步執行：(功能鍵F8)或功能表→偵錯(D)→逐行(I)

◆ 另類IIf條件式的文法結構 '二選一

變數名 = IIf (條件式, 資訊A, 資訊B)

→ 條件式成立時，變數名內容為(資訊A)
→ 條件式不成立時，變數名內容為(資訊B)

● 例題：兩數選擇0 ~10數字比大小，顯示贏家。

→ 規則=條件=範圍=操作=玩法
→ 兩個滑動光棒，各選擇0 ~10數字比大小。

◆ 流程圖

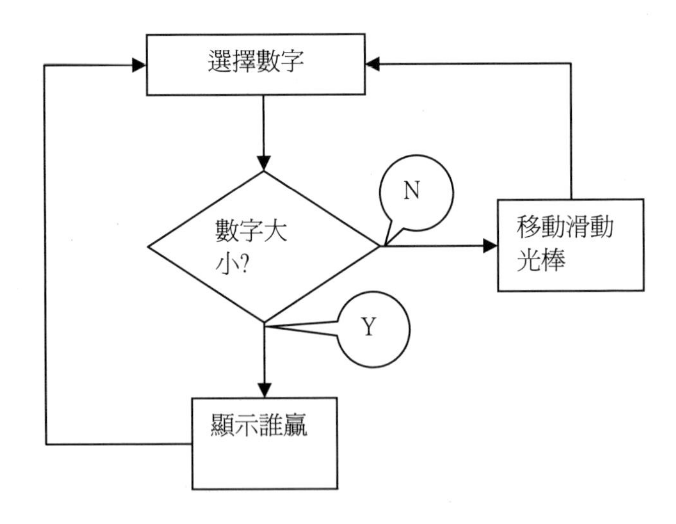

→ Visual Basic 語言準備工作

∨ 開啓Visual Basic程式，選擇標準執行檔。
∨ 在工作區表單產生物件(Label)三個。
∨ 在工作區表單產生物件(HScrollBar)二個。

→ 在屬性區中更改自己所需要的資料

物件名	物件名(改)	屬性名	屬性質(改)
HScroll1	HScroll1	Max	10
HScroll2	HScroll2	Max	10

→ Visual Basic 表單物件排列狀況

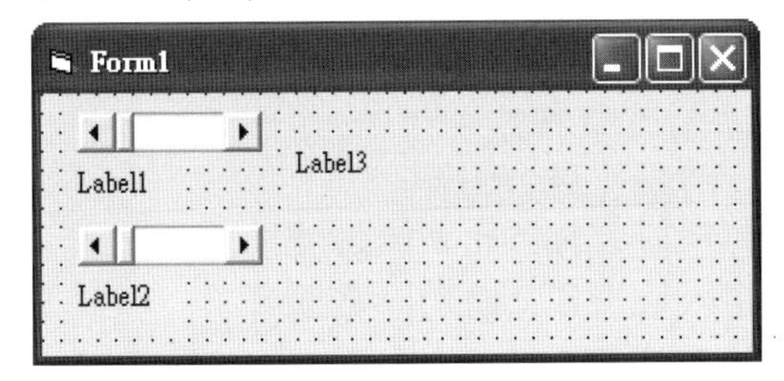

→ Visual Basic 程式碼(檔名：iift)

```
1.  Dim A, B As Integer
2.  Dim C As String

3.  Private Sub HScroll1_Change()
4.  Label1.Caption = "A:" & HScroll1.Value
5.  A = HScroll1.Value
6.  C = IIf(A > B, "A win", "A lost")
7.  Label3.Caption = C
8.  End Sub

9.  Private Sub HScroll2_Change()
```

```
10. Label2.Caption = "B:" & HScroll2.Value

11. B = HScroll2.Value
12. C = IIf(B > A, "B Win", "B lost")
13. Label3.Caption = C
14. End Sub
```

→ Visual Basic 程式碼解析

1~2行：宣告外部變數。
3~8行：滑動光棒1程序。
4行：顯示玩家A滑動光棒數據。
5行：輸入玩家A滑動光棒數據。
6行：A>B時，C = "A win"，當A<B時，C ="A lost"。
7行：顯示玩家A狀況。
9~14行：滑動光棒2程序。
10行：顯示玩家B滑動光棒數據。
11行：輸入玩家B滑動光棒數據。
12行：B > A時，C = "B Win"，當B<A時，C ="B lost"。
13行：顯示玩家B狀況。

→ 執行測試：(功能鍵F5)或功能表→執行(R)→開始(S)

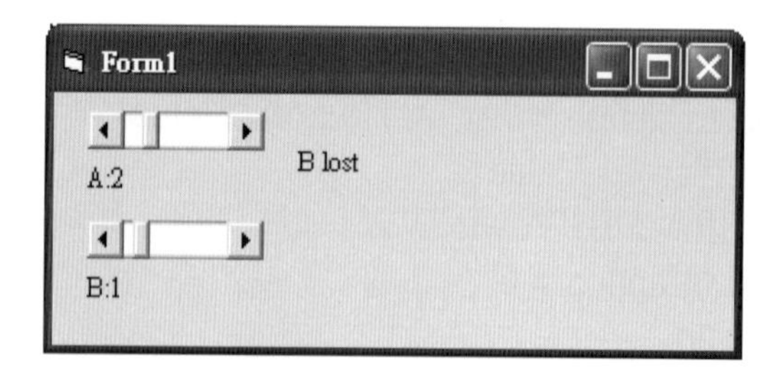

● 例題：兩數選擇0 ~100比大小，贏家得10分。

→ 規則=條件=範圍=操作=玩法
→ 兩個滑動光棒數據，比大小，贏家得10分。

◆ 流程圖

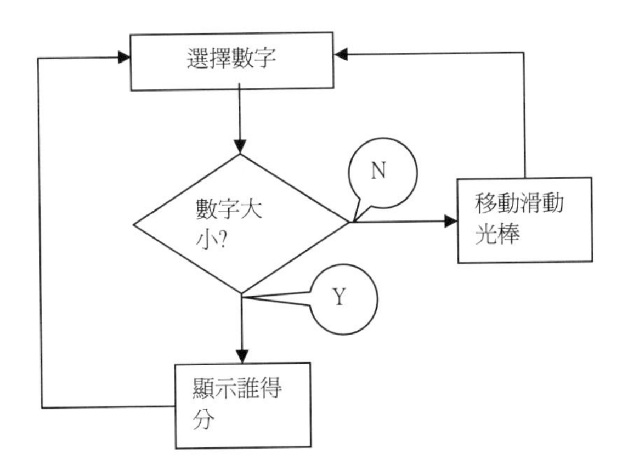

→ Visual Basic 語言準備工作

∨ 開啓Visual Basic程式，選擇標準執行檔。
∨ 在工作區表單產生物件(Label)三個。
∨ 在工作區表單產生物件(HScrollBar)二個。

→ 在屬性區中更改自己所需要的資料

物件名	物件名(改)	屬性名	屬性質(改)
HScroll1	HScroll1	Max	100

HScroll2	HScroll2	Max	100

→ Visual Basic 表單物件排列狀況

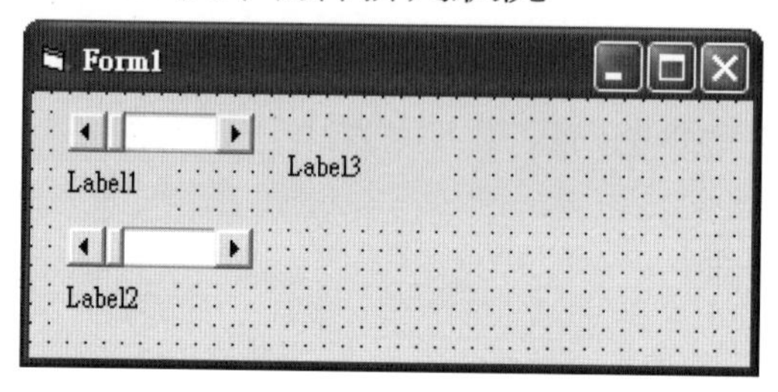

→ Visual Basic 程式碼(檔名：iifn)

```
1.  Dim A , B , C As Integer
2.  Private Sub Form_Load()
3.  Form1.Caption = "贏家得10分"
4.  End Sub

5.  Private Sub HScroll1_Change()
6.  Label3.Caption = ""
7.  Label1.Caption = HScroll1.Value
8.  A = HScroll1.Value
9.  C = IIf(A >= B, 10, -10)
10. Label3.Caption = "A 得" & C & "分 "
11. End Sub

12. Private Sub HScroll2_Change()
13. Label3.Caption = ""
14. Label2.Caption = HScroll2.Value
15. B = HScroll2.Value
16. C = IIf(B >= A, 10, -10)
17. Label3.Caption = "B 得" & C & "分 "
18. End Sub
```

→ Visual Basic 程式碼解析

1行：宣告外部變數。
2~4行：表單載入。
5~11行：滑動光棒1程序。
7行：顯示玩家A滑動光棒數據。
8行：輸入玩家A滑動光棒數據。
9行：A >= B時，C = 10，當A < B時，C = -10。
10行：顯示玩家A狀況。
12~18行：滑動光棒2程序。
14行：顯示玩家B滑動光棒數據。
15行：輸入玩家B滑動光棒數據。
16行：B >= A時，C = 10，當B < A時，C = -10。
17行：顯示玩家B狀況。

→ 執行測試：(功能鍵F5)或功能表→執行(R)→開始(S)

◆ 另類Choose的文法結構 '多選一

變數名 = Choose (選號 , 資訊1 , 資訊2 , 資訊3…)

解釋：選號為1時，變數名內容為(資訊1)
選號為2時，變數名內容為(資訊2)
…

● 例題：用選項來選擇，鉛筆，原子筆，鋼筆，筆毛筆，白板筆。

→ Visual Basic 語言準備工作

∨ 開啟Visual Basic程式，選擇標準執行檔。
∨ 在工作區表單產生物件(Label)一個。
∨ 在工作區表單產生物件(HScrollBar)一個。

→ 在屬性區中更改自己所需要的資料

物件名	物件名(改)	屬性名	屬性質(改)
HScroll1	HSrset	Max	5
HScroll1	HSrset	Min	1
Label1	Lblset		

→ Visual Basic 表單物件排列狀況

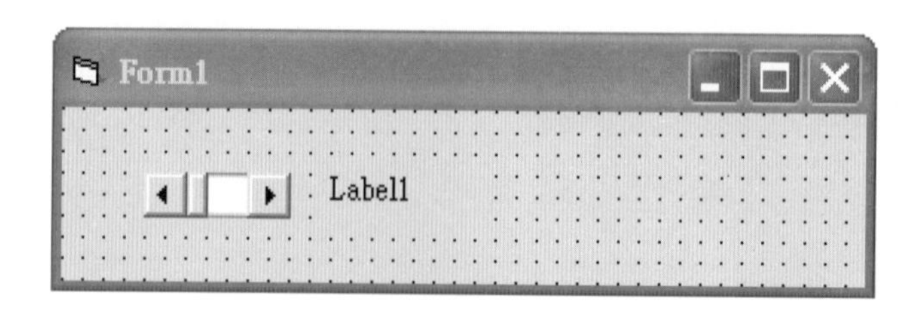

→ Visual Basic 程式碼(檔名：choose)

```
1. Private Sub HSrset_Change()
2. Dim A As String
3. Form1.Caption = HSrset.Value
4. A = Choose(HSrset.Value, " 鉛筆", "原子筆", " 鋼筆", _
5. "筆毛筆", " 白板筆")
6. Lblset.Caption = A
7. End Sub
```

→ Visual Basic 程式碼解析

1~7行：滑動光棒程序。
3行：顯示移動滑動光棒數據。
4行：Choose用數據選擇資料。
6行：顯示狀況。

→ 執行測試：(功能鍵F5)或功能表→執行(R)→開始(S)

● 例題：一個比賽，第一名得10分，第二名得8分，第三名得6分，第四名得3分，第五名得2分，第六名得1分。

→ Visual Basic 語言準備工作

∨ 開啓Visual Basic程式，選擇標準執行檔。
∨ 在工作區表單產生物件(Label)一個。
∨ 在工作區表單產生物件(HScrollBar)一個。

→ 在屬性區中更改自己所需要的資料

物件名	物件名(改)	屬性名	屬性質(改)
HScroll1	HSrset	Max	6
HScroll1	HSrset	Min	1
Label1	Lblset		

→ Visual Basic 表單物件排列狀況

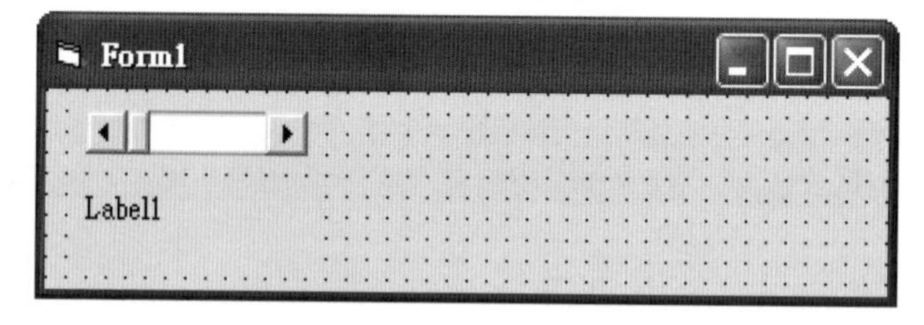

→ Visual Basic 程式碼(檔名：choosen)

```
1. Private Sub HSrset_Change()
2. Dim A As Integer
3. Form1.Caption = "第" & HSrset.Value & "名"
4. A = Choose(HSrset.Value, 10, 8, 6, 3, 2, 1)
5. Lblset.Caption = "得" & A & "分"
6. End Sub
```

→ Visual Basic 程式碼解析

1~6行：滑動光棒程序。
2行：宣告內部變數。
3行：顯示移動滑動光棒數據。
4行：移動滑動光棒數據，Choose用數據選擇資料。
5行：顯示狀況。

→ 執行測試：(功能鍵F5)或功能表→執行(R)→開始(S)

→ 單步執行：(功能鍵F8)或功能表→偵錯(D)→逐行(I)

◆ 另類Do，Loop，While 的文法結構

Do While 條件式
…
Loop

→ 條件式成立，進入Do While下一行。
→ 條件式不成立，進入Loop下一行。

● 例題：選擇一個0~100數字，顯示數字50以後數的數字。

→ 規則=條件=範圍=操作=玩法
→ 一個滑動光棒，選擇一個0~100數字，顯示50以後的數字。

◆ 流程圖

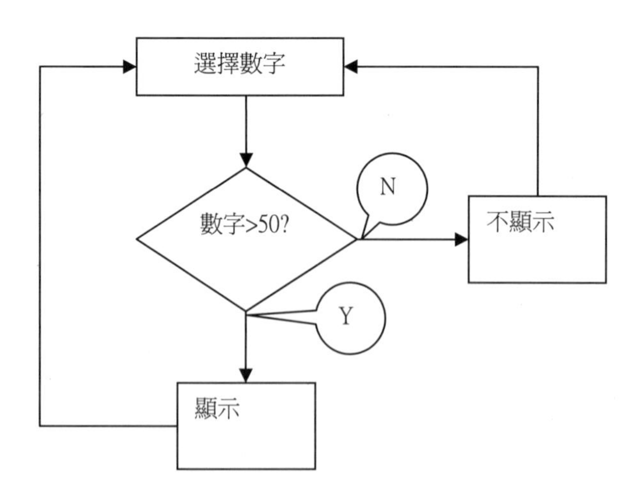

→ Visual Basic 語言準備工作

- 開啓Visual Basic程式，選擇標準執行檔。
- 在工作區表單產生物件(Label)一個。
- 在工作區表單產生物件(HScrollBar)一個。

→ Visual Basic 表單物件排列狀況

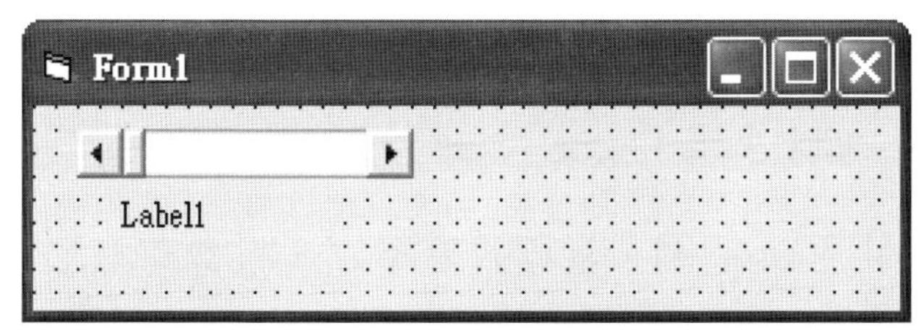

→ 在屬性區中更改自己所需要的資料

物件名	物件名(改)	屬性名	屬性質(改)
HScroll1	HScroll1	Max	100

→ Visual Basic 程式碼(檔名：dowhile)

```
1.  Dim A As Integer
2.  Private Sub HScroll1_Change()
3.  Label1.Caption = ""
4.  Form1.Caption = "顯示50以上" & HScroll1.Value
5.  A = HScroll1.Value
6.  Do While A >= 50
7.  Label1.Caption = A
8.  Exit Do
9.  DoEvents
10. Loop
11. End Sub
```

→ Visual Basic 程式碼解析

1行：宣告外部變數。
2~11行：滑動光棒程序。
4行：顯示滑動光棒數據。
5行：輸入滑動光棒數據。
6行：A>=50成立，進入Do迴圈。
7行：顯示狀況。
8行：離開Do迴圈。
9行：CPU多工。

☆ 使用Do迴圈，當程式寫不好，較會有無限迴圈出現。
☆ 使用Do迴圈，盡量要有DoEvents的電腦多工指令，跑程式較不會當掉。

→ 執行測試：(功能鍵F5)或功能表→執行(R)→開始(S)

→ 單步執行：(功能鍵F8)或功能表→偵錯(D)→逐行(I)

第四章
陣列資料與結構

◆ 陣列變數宣告

設a,b, c…n爲大於等於零的正整數。

◆ 一維陣列變數的文法宣告

Dim 自設名(a) As 型別

→ 自設名有(a+1)個型別的變數空間。
→ 0,1...,a共有(a+1)個，(虛歲算法)。

● 例題：Dim Ben(9) As Integer
→ Ben陣列有10個整數空間
→ 0,1...9，共有(9+1)個。

● 例題：Public Pd(7) As Single
→ 公用Pd陣列有8個浮點空間。

◆ 二維陣列變數常用的宣告

Dim 自設名(a,b) As 型別

→ 自設名有(a+1)乘(b+1)組的型別變數空間
→ 0,1...,a共有(a+1)組, 0,1...,b 共有(b+1)組

● 例題：Dim Pe(5, 8) As String
→ Pe有(6*9)個字串空間
→ 0,1...,5 共有6組, 0,1...,8 共有9組

例題：Public Pd(7, 5) As Long
→ Pd有48組的整數空間

◆ n維陣列變數的宣告

Dim 自設名(a,b…,n) As 型別

→ 自設名有(a+1)乘(b+1)…乘(n+1)個的型別變數空間

◆ 陣列變數常用的宣告組合

位置名	變數	屬於	型別	'說明
			Integer	'整數
Private			Long	'長整數
Dim	自設名(數據A,…)	As	Single	'單浮點
Public			Double	'雙浮點
			String	'字串
			Boolean	'佈林

◆ 陣列變數的使用

例題：

```
Dim Ben(5) As Integer        '整數
Dim Pan(2, 5) As String      '字串
Private Sub Form_Load()
For i = 0 To 5
Ben(i) = i + 1           'Ben(0) =1…Ben(5)=6
Next
Pan(0, 3) = "set"        'Pan (0,3)等於"set"
Pan(2, 4) = "run"        'Pan (2,4)等於"run"
End Sub
```

◆ 資料結構(自設名型別)宣告

```
公(私)用 Type 自設名 '宣告自設名型別開始
變數A名 As 型別     '
變數B名 As 型別     '
…
End Type           '宣告自設名型別結束
```

☆ 資料結構(自設名型別)宣告完後，自設名轉爲型別區。

☆ 公用爲Public，私用爲Private。

● 例題：宣告公用Rsd爲自設名型別，Rsd的資料結構中有Da爲整數變數，Ea爲字串變數，La爲長整數變數。

```
Public Type Rsd   'Y 型別宣告開始
Da As Integer     '整數
Ea As String      '字串
La As Long        '長整數
End Type          '型別結束
```

● 例題：宣告私用Dok爲自設名型別，Dok的資料結構中　有Di爲整數變數，Es爲字串變數，La爲長整數變數。

```
Private Type Dok  '型別宣告開始
Di As Integer     '整數
Es As String      '字串
La As Long        '長整數
End Type          '型別結束
```

◆ 資料結構的使用

```
Private Type Rsd        '宣告Rsd型別開始
Da As Integer           ' 整數
Ea As String            ' 字串
La As Long              ' 長整數
End Type                '
```

☆ Rsd資料結構(自設名型別)宣告完後，Rsd轉為型別區。

```
'---資料結構(自設名型別)的使用
Dim Mo As Rsd          '---宣告Mo為Rsd型別
      '-- Mo有Rsd的資料結構Da,Ea,La變數
Private Sub Form_Load()
'---資料結構(自設名型別)變數使用
Mo.Da = 5              ' Mo中Da
Mo.La = 10             ' Mo中La
End Sub
'-- Mo.Da為Rsd的資料結構(自設名型別)Da變數
'-- Mo.La為Rsd的資料結構(自設名型別)La變數
```

◆ 一般變數宣告

→ 公(私)用 變數D As Integer ' 變數D為(整數)變數

◆ 資料結構(自設名型別)變數宣告

→ 公(私)用 變數C As 自設名型別 ' 變數C為(自設名)變數

◆ 變數、陣列變數、資料結構差別

☆ 一般變數：一個固定型別變數，每次只能宣告一個固定型別變數。

☆ 陣列變數：多個固定型別變數，每次能宣告多個固定型別變數。

☆ 資料結構：多個不固定型別變數，每次能宣告多個不固定型別變數。

◆ 變數、陣列變數、資料結構優缺點

名稱	優點	缺點
一般變數	間單	一次宣告一個變數
陣列變數	一個名稱多個變數	輸入資料位置
資料結構	複雜度降低	要宣告型別

☆ 資料結構是資料庫程式專案的縮小版。
☆ 陣列結構是資料庫程式專案的資料區。
☆ 變數是可變動的資料，存放你想要資料。

◆ 陳列演算

● 陳列(19)

→ 位置a從0，1...，19，0，1，2...回圈演算

0	1	2	3	4	5	6
19	牆	牆	牆	牆	牆	7
18	牆	牆	牆	牆	牆	8
17	牆	牆	牆	牆	牆	9
16	15	14	13	12	11	10

→ 陳列回圈演算寫法

```
If (位置a >= 19 + 1) Then  '是否最後個陳列位置+1
    位置a = 0      '變成最前陳列位置
End If
```

● 陳列(N)　　'N爲大於等於零的正整數

→ 陳列位置a從0，1...，N，0，1，2...回圈演算

→ 陳列回圈演算寫法

```
If ( a >= N+1 ) Then  '是否最後個陳列位置+1
     a = 0      '變成最前陳列位置
 End If
```

- 例題：按go鈕，車子跑圈圈，原點→1→2…9→原點。

原點	1	2
9	牆	3
8	牆	4
7	6	5

Visual Basic語言準備工作

∨ 開啓Visual Basic程式，選擇標準執行檔。
∨ 在工作區表單產生物件(Label)一個。
∨ 在工作區表單產生物件(CommandButton)一個。

→ 在屬性區中更改自己所需要的資料

物件名	屬性名	屬性質(改)
Labell	Caption	
Labell	BorderStyle	1 - 單線固定
Command1	Caption	Go

∨ 在工作區表單，物件Label1按右鍵→複製(C)
∨ 在工作區表單中按右鍵→貼上(P)
∨ 有視窗彈出要求是否建立一個控制項陣列→是(Y)
∨ 工作區左上角出現物件Label1(1)本身名稱改Label1(0)陣列
∨ 工作區中重復按右鍵→貼上(P)，直到Label1(9)出現
∨ 移動排列物件Label1(0)，Label1(1)，…Label1(9)

→ 工作區表單，物件排列情況

Form1			
Label1(0)	Label1(1)	Label1(2)	
Label1(9)		Label1(3)	Command1
Label1(8)		Label1(4)	
Label1(7)	Label1(6)	Label1(5)	

∨ Visual Basic程式碼(檔名：car)

```
1. Dim a As Integer                ' 外
2. Private Sub Form_Load()         ' 表單Form_Load程式開始
3.  Label1(0).Caption = "car"      ' 秀字
4. End Sub                   ' 表單Form_Load程式結束

5. Private Sub Command1_Click()  ' 物件Command1_Click
程式開始
6.  Label1(a).Caption = ""          ' 清除
7. a = a + 1                        ' a + 1 後放回a
8. If a >= 10 Then
9.  a = 0
10. If 6 = MsgBox("離開?", 4, "重玩") Then End
11. End If
12. Label1(a).Caption = "car"   '秀字
13. End Sub            ' 物件Command1_Click程式結
```

→ Visual Basic程式碼解析

1行：宣告外部變數a爲目前位置。
2~4行：預設a爲目前位置。
5~13行：移動位置程序。
6行：清除位置。

7行：移動位置。
9行：超過了就回原點。
10行：對話視窗。
12行：顯示目前位置。

→ 執行測試：(功能鍵F5)或功能表→執行(R)→開始(S)

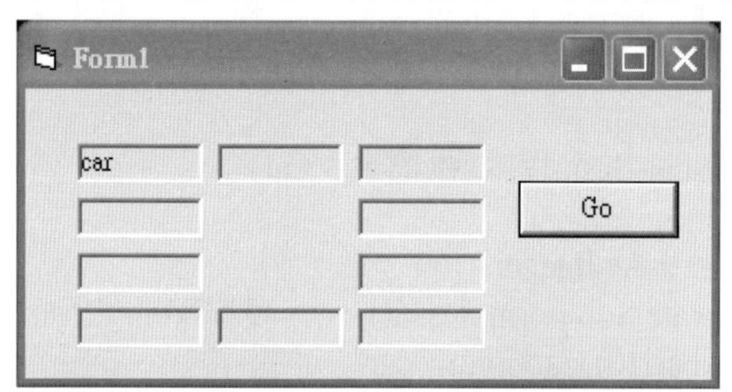

● 例題：人字圖形在4*4圖形陣列，自由移動。

→ 水平與垂直走成立，斜走不成立。
→ 按上下左右鍵移動人字。
→ 圖形4*4陣列需要((4*4)-1)個，陣列(15)
→
→ Visual Basic程式準備工作

∨ 開啓Visual Basic程式，選擇標準執行檔。
∨ 在工作區表單產生物件(Label)一個。

∨ 在屬性區中更改自己所需要的資料

物件名	屬性名	屬性質(改)
Labell	Caption	
Labell	BorderStyle	1 - 單線固定
Labell	Alignment	2 - 置中對齊

- ∨ 在工作區表單Label1物件按右鍵→複製(C)
- ∨ 在工作區表單中按右鍵→貼上(P)
- ∨ 有視窗彈出，要求是否建立一個控制項陣列→是(Y)
- ∨ 工作區左上角出現物件Label1(1)本身名稱改Label1(0)陣列
- ∨ 工作區中重復按右鍵→貼上(P)，直到Label1(15) 出現
- ∨ 移動和排列物件Label1(0)，Label1(1)，…Label1(15)

→ Visual Basic工作區排列物件情況如下圖

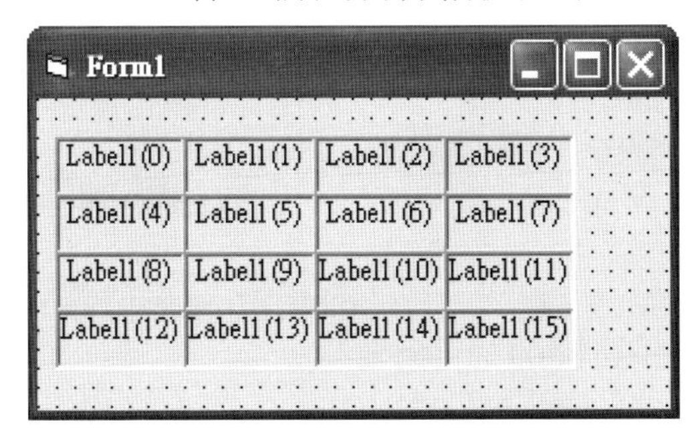

→ 工作區中表單按左鍵二下進入程式區。

→ 程式區中Form的Load右邊下拉視窗。

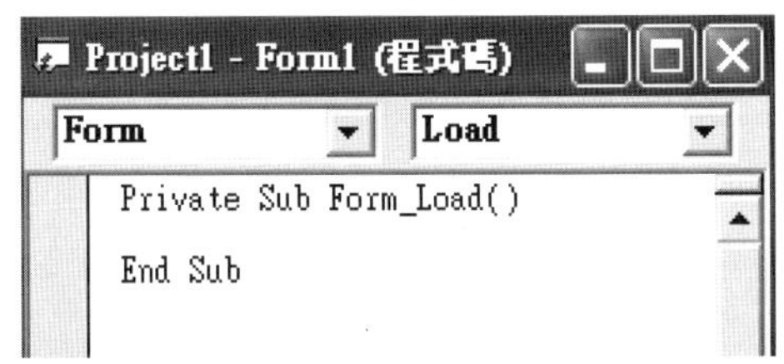

→ 用滑鼠按左鍵選擇KeyUp

→ 出現Private Sub Form_KeyUp(KeyCode As Integer, Shift As Integer)

∨ Visual Basic程式碼(檔名：perfree)

```
1.  Dim Map, X, Y As Integer
2.  Private Sub Form_Load()
3.   Label1(Map).Caption = "人"        '   Label1(Map)
秀字
4.  End Sub
5.  Private Sub Form_KeyUp(KeyCode As Integer,
Shift As Integer)
6.  '鍵盤按下程式開始
7.  X = Map Mod 4                  '取餘數(圖形位置X
軸)
8.  Y = Map \ 4               '取商數(圖形位置Y軸)
9.  Label1(Map).Caption = ""
10. Select Case KeyCode         '
11. Case 39:                  '右鍵KeyCode
12. X = X + 1                 ' 水平軸+1
13. If X >= 4 Then X = 0   'If超過右邊到最左邊
14. Case 37:                '左鍵KeyCode
15. X = X - 1                 '水平軸-1
16. If X <= -1 Then X = 3  ' If超過左邊到最右邊
17. Case 38:                '上鍵KeyCode
18. Y = Y - 1                 '垂直軸-1
19. If Y <= -1 Then Y = 3  ' If超過上面到最下面
20. Case 40:                ' 下鍵KeyCode
21. Y = Y + 1                 '垂直軸+1
22. If Y >= 4 Then Y = 0   'If超過下面到最上面
23. End Select              ' Select 條件式結束
24. Map = 4 * Y + X           ' 人字位置
25. Label1(Map).Caption = "人" '  Label1(Map)秀字
```

26. End Sub

→ Visual Basic程式碼解析

1行：宣告變數Map爲目前位置，X爲水平索引，
Y爲垂直索引。
2~4行：預設Map爲目前位置。
5~26行：按鍵程序。
7~8行：取得目前水平索引，取得目前垂直索引。
11~13行：右鍵處理程式，超過最右邊，往最左邊。
14~16行：左鍵處理程式，超過最左邊，往最右邊。
17~19行：上鍵處理程式，超過最上邊，往最下邊。
20~22行：下鍵處理程式，超過最下邊，往最上邊。
24~26行：往下一步處理程式。

→ 執行測試：(功能鍵F5)或功能表→執行(R)→開始(S)

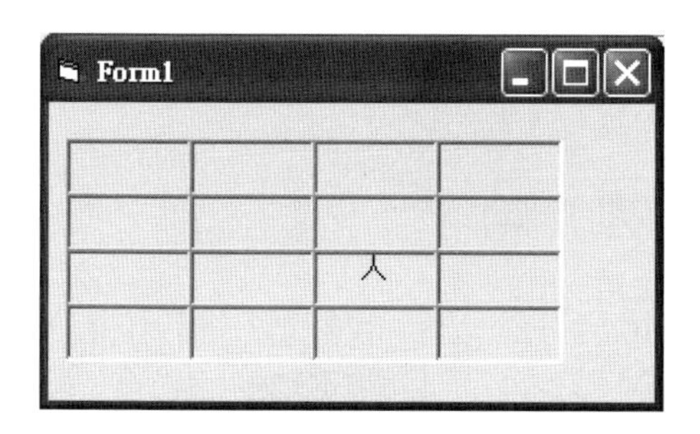

→ 單步執行：(功能鍵F8)或功能表→偵錯(D)→逐行(I)

◆ 圖形N*M陣列演算法

● 圖形陣列N*M排列位置：

0	1	2	…	(1*N)-1
1*N	(1*N)+1	(1*N)+2	…	(2*N)-1
2*N	(2*N)+1	(2*N)+2	…	(3*N)-1
…	(…)+1	(…)+2	…	…
((M-1)*N)	((M-1)*N)+1	((M-1)*N)+2	…	(M*N)-1

→ 設陣列目前位置爲Map，水平軸爲X，垂直軸爲Y
Da爲KeyCode碼，37　往左方，38　往上方
39　往右方，40　往下方
Visual Basic程式碼

☆ 圖形陣列(無牆):

```
X = Map Mod N              ' 取餘數(圖形位置X軸)
Y = Map \ N                ' 取商數(圖形位置Y軸)
Select Case Da
Case 39                    ' Da=39'往右方
X = X + 1                  ' 陣列水平軸X向右走
If X >= N Then X = 0       '超過右邊到最左邊
Case 37                    ' Da=37'往左方
X = X - 1                  ' 陣列水平軸X向左走
If X <= -1 Then X = N - 1  ' 超過左邊到最右邊
Case 38                    ' Da=38'往上方
```

```
Y = Y - 1                ' 陣列垂直Y軸向上走
If Y <= -1 Then Y = M - 1 ' 超過上面到最下面


Case 40                  ' Da=40'往下方
Y = Y + 1                ' 陣列垂直Y軸向下走
If Y >= M Then Y = 0      ' 超過下面到最上面
End Select
…
Map = N * Y + X          ' 往下一步處理程式
```

☆　圖形陣列(有牆)

```
X = Map Mod N            ' 取餘數(圖形位置X軸)
Y = Map \ N              ' 取商數(圖形位置Y軸)
Select Case Da
Case 39                  ' Da=39'往右方
X = X + 1                ' 陣列水平軸X向右走
If X >= N Then X = N - 1  '超過右邊到最右邊
Case 37                  ' Da=37'往左方
X = X - 1                ' 陣列水平軸X向左走
If X <= -1 Then X = 0     ' 超過左邊到最左邊
Case 38                  ' Da=38'往上方
Y = Y - 1                ' 陣列垂直Y軸向上走
If Y <= -1 Then Y = 0     ' 超過上面到最上面
Case 40                  ' Da=40'往下方
Y = Y + 1                ' 陣列垂直Y軸向下走
If Y >= M Then Y = M - 1  ' 超過下面到最下面
End Select
…
Map = N * Y + X          ' 往下一步處理程式
```

◆ 六邊圖形陣列演算

→ 正六邊形圖形關係(座標)

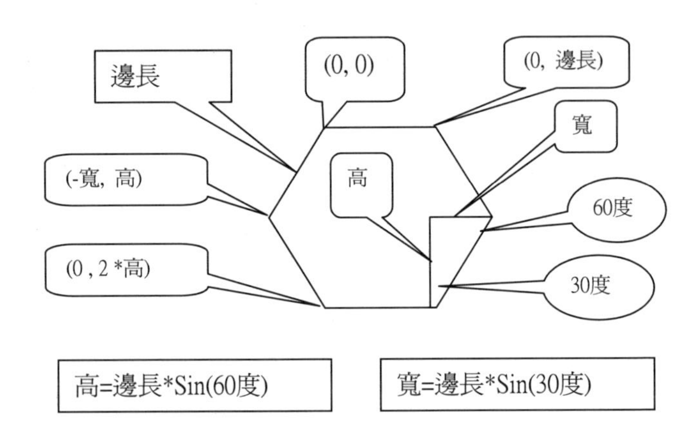

● 人物在正六邊形5*4圖形陣列，移動。

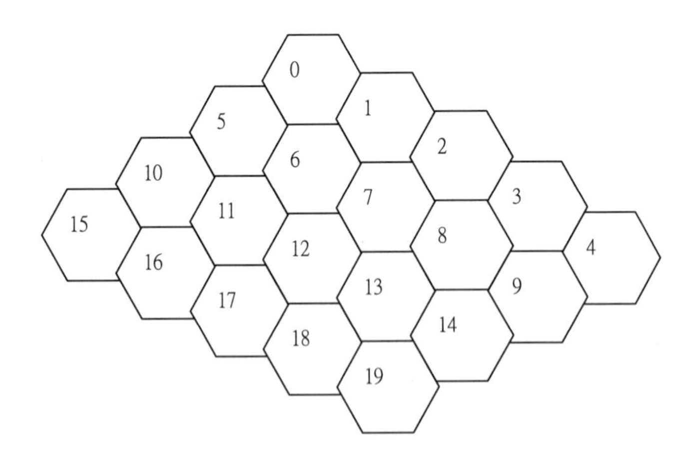

→ Visual Basic程式準備工作

∨ 開啓Visual Basic程式後，選擇標準執行檔。

→ 在屬性區中更改自己所需要的資料

物件名	屬性名	屬性質(改)
Form1	ScaleMode	3 - 像素
Form1	AutoRedraw	True

∨ Visual Basic程式碼(檔名：shap6)

```
1.  Dim Leng As Integer                          ' 邊長
2.  Dim Hig As Integer                           ' 高
3.  Dim Weg As Integer                           ' 寬
4.  Dim Nx As Integer                            ' 圖形座標x
5.  Dim Ny As Integer                            ' 圖形座標y
6.  Dim Winx As Integer                          ' 暫存座標x
7.  Dim Winy As Integer                          ' 暫存y
8.  Dim Ix As Integer                            ' 人座標x
9.  Dim Iy As Integer                            ' 人座標y
10. Private Sub Form_KeyUp(KeyCode As Integer, Shift As
Integer)                                         ' 按鍵程式
11. Me.Cls                                       ' 清Form畫面
12. Select Case KeyCode
13. Case 82:                                     '上:R
14. If Ix - 1 > -1 And Iy - 1 > -1 Then          '測試上:R
15. Ix = Ix - 1
16. Iy = Iy - 1
17. End If
18. Case 70:                                     '下:F
19. If Ix + 1 < 5 And Iy + 1 < 4 Then            '測試下:F
```

```
20. Ix = Ix + 1
21. Iy = Iy + 1
22. End If
23. Case 84:                                  '右上:T
24. Iy = Iy - 1
25. If Iy <= 0 Then Iy = 0                     '測試右上:T
26. Case 67:                                  '左下:C
27. Iy = Iy + 1
28. If Iy >= 4 Then Iy = 3                     '測試左下:C
29. Case 69:                                  '左上:E
30. Ix = Ix - 1
31. If Ix <= 0 Then Ix = 0                     '測試左上:E
32. Case 86:                                  '右下:V
33. Ix = Ix + 1
34. If Ix >= 5 Then Ix = 4                     '測試右下
35. End Select
36. Winx = 200 + (Leng / 2) - ((Leng + Weg) * （Iy）
'暫存座標x
37. Winy = 50 + (Hig * Iy) + Hig              '暫存座標y
38. Nx = Winx + ((Leng + Weg) * Ix)           ' 圖形座標x
39. Ny = Winy + (Hig * Ix)                    ' 圖形座標y
40. Circle (Nx, Ny), 10, RGB(0, 0, 0)         ' 畫人座標
41. Wmap                                      '畫圖副程式
42. End Sub
43. Private Sub Form_Load()
44. Form1.ScaleMode = 3
45. Form1.AutoRedraw = True
46. Wmap
47. Circle (200 + (Leng / 2), (50 + Hig)), 10, RGB(0, 0, 0)
' 畫人座標
48. Form1.Caption = "上:R ,下:F , 右上:T , 右下:V , 左上:E
, 左下:C"
49. End Sub
```

```
50. Private Sub Wmap()                          '畫圖副程式
51. Leng = 20                                   '邊長
52. Weg = Sin((30 / 180) * 3.14159) * Leng      '寬
53. Hig = Sin((60 / 180) * 3.14159) * Leng      '高
54. For i = 0 To 19                             '畫20正六角
55. Dy = i \ 5                                  '位置座標x
56. Dx = i Mod 5                                '位置座標y
57. Winx = 200 - ((Leng + Weg) * Dy)            '暫存座標x
58. Winy = 50 + (Hig * Dy)                      '暫存座標y
59. Nx = Winx + ((Leng + Weg) * Dx)             '圖形座標x
60. Ny = Winy + (Hig * Dx)                      '圖形座標y
61. Line (Nx, Ny)-(Nx + Leng, Ny), RGB(0, 0, 255)
62. Line (Nx + Leng, Ny)-(Nx + Leng + Weg, Ny + Hig),
RGB(0, 0, 255)
63. Line (Nx + Leng, Ny + Hig * 2)-(Nx + Leng + Weg, Ny
+ Hig), _
64. RGB(0, 0, 255)
65. Line (Nx, Ny + (Hig * 2))-(Nx + Leng, Ny + (Hig * 2)),
RGB(0, 0, 255)
66. Line (Nx, Ny + (Hig * 2))-(Nx - Weg, Ny + Hig), RGB(0,
0, 255)
67. Line (Nx, Ny)-(Nx - Weg, Ny + Hig), RGB(0, 0, 255)
68. Next
69. End Sub
```

✓ Visual Basic程式碼解析

1~9行：宣告變數。

10~42行：按鍵程序，人物位置。

上:R ,下:F , 右上:T , 右下:V , 左上:E , 左下:C

43~49行：初始值。

50~69行：顯示副程式，畫正六邊形陣列。

→ 執行測試：(功能鍵F5)或功能表→執行(R)→開始(S)

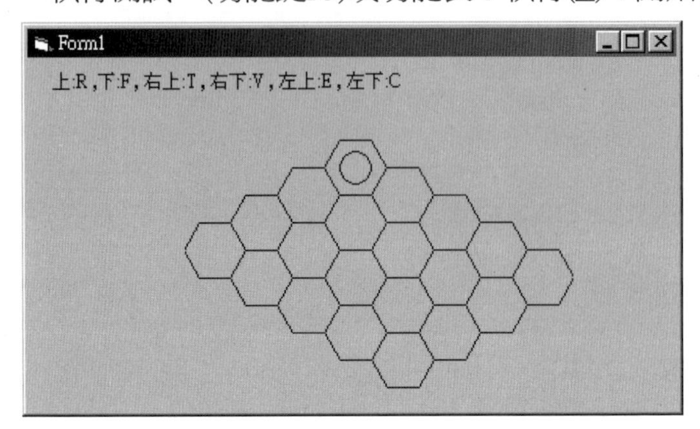

→ 單步執行：(功能鍵F8)或功能表→偵錯(D)→逐行(I)

◆ 每行相同英文字排列

● 例題：一堆英文字，用方向鍵，將每行都排列整齊。

→ Visual Basic程式準備工作

∨ 開啓Visual Basic程式，選擇標準執行檔。
∨ 在工作區表單產生物件(Label)三個。

→ 在屬性區中更改自己所需要的資料

物件名	物件名(改)	屬性名	屬性質(改)
Label1	Lblshow	Caption	Label1
Label2	Lblmap	Caption	
Label2	Lblmap	BorderStyle	1-單線固定
Label2	Lblmap	Appearance	0-平面
Label2	Lblmap	Alignment	2-置中對齊
Label3	Lblreset	BorderStyle	1-單線固定
Label3	Lblreset	Caption	重玩

- 在工作區表單物件Lblmap按右鍵→複製(C)
- 工作區中按右鍵→貼上(P)
- 有視窗彈出要求是否建立一個控制項陣列→是(Y)
- 工作區左上角出現物件Lblmap (1)本身名稱改Lblmap (0)
- 工作區中重復按右鍵→貼上(P)，直到Lblmap (29)出現
- 移動排列物件Lblmap (0)， Lblmap (1)，…Lblmap (29)

→ 排列物件情況如下圖

Lblmap(0)	Lblmap(1)	…	Lblmap(4)	Lblmap(5)
Lblmap(6)	Lblmap(7)	…	Lblmap(10)	Lblmap(11)
Lblmap(12)	Lblmap(13)	…	Lblmap(16)	Lblmap(17)
Lblmap(18)	Lblmap(19)	…	Lblmap(22)	Lblmap(23)
Lblmap(24)	Lblmap(25)	…	Lblmap(28)	Lblmap(29)

- Visual Basic工作區排列物件情況如下圖

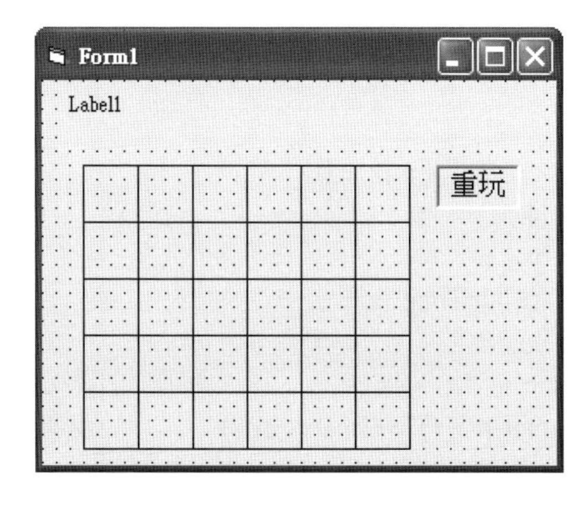

∨ Visual Basic程式碼(檔名：setline)

```
1.  Dim Gstring(25) As String     '所有英文字母
2.  Dim Gmap(30) As String        '三十個字區
3.  Dim Rline(4) As Integer       '五行
4.  Dim Right As Integer          '排列整齊
5.  Dim Gper As Integer           '空白位置
6.  Dim Rindex As Integer         '暫存索引

7.  Private Sub Form_KeyUp(KeyCode As Integer, Shift As
Integer)                          '按鍵
8.  ix = Gper Mod 6               ' x軸索引
9.  iy = Gper \ 6                 ' y軸索引
10. Rindex = Gper                 ' 位置索引
11. Select Case KeyCode
12. Case 37                       ' 左鍵
13. ix = ix + 1
14. If ix >= 6 Then ix = 5
15. Case 38                       ' 上鍵
16. iy = iy + 1
17. If iy >= 5 Then iy = 4
18. Case 39                       ' 右鍵

19. ix = ix - 1
20. If ix <= -1 Then ix = 0
21. Case 40                       ' 下鍵
22. iy = iy - 1
23. If iy <= -1 Then iy = 0
24. End Select
25. Gper = iy * 6 + ix            ' 移動位置後
26. Gmap(Rindex) = Gmap(Gper)            ' 交換字母
27. Gmap(Gper) = 1                ' 空白位置
28. Show_map                      ' 執行顯示字母副程式
```

```
29.  Right_test                        ' 執行排列測試副程式
30.  End Sub

31.  Private Sub Form_Load()
32.  For i = 0 To 25
33.  Gstring(i) = Chr(i + 65)          '放入所有字母
34.  Next
35.  Lblshow.Caption = ""
36.  Rnd_Gstring                       ' 執行亂排字母副程式
37.  Show_map                          ' 執行顯示字母副程式
38.  End Sub

39.  Private Sub Lblreset_Click() ' 重玩程式
40.  Form_Load
41.  End Sub

42.  Private Sub Rnd_Gstring()    ' 亂排字母副程式
43.  Randomize
44.  For i = 0 To 25
45.  Rindex = (Rnd * 33333) Mod 26        ' 亂排索引
46.  bufa = Gstring(Rindex)
47.  Gstring(Rindex) = Gstring(i)
48.  Gstring(i) = bufa
49.  Next
50.  For i = 0 To 29
51.  Rindex = i \ 6
52.   Gmap(i) = Gstring(Rindex)  ' 每行有6個相同字母
53.  Next
54.  For i = 0 To 29
55.  Rindex = (Rnd * 33333) Mod 30        ' 亂排索引
56.  bufa = Gmap(Rindex)
57.  Gmap(Rindex) = Gmap(i)     ' 亂排字母
58.  Gmap(i) = bufa
```

```
59.  Next
60.  Rindex = (Rnd * 33333) Mod 30
61.  Gmap(Rindex) = 1:  Gper = Rindex   '產生空白位置
62.  End Sub

63.  Private Sub Show_map()      '顯示字母副程式
64.  For i = 0 To 29
65.  If Gmap(i) <> "1" Then
66.  Lblmap(i).Caption = Gmap(i)
67.  Else
68.  Lblmap(i).Caption = ""
69.  End If
70.  Next
71.  End Sub

72.  Private Sub Right_test()      '排列測試副程式
73.  For iy = 0 To 4
74.  Rline(iy) = 0
75.  If Gmap(iy * 6) = "1" Then
76.  Rindex = (iy * 6) + 1
77.  Else
78.  Rindex = (iy * 6)
79.  End If
80.  For ix = 0 To 5
81.  If Gmap(Rindex) = Gmap((iy * 6) + ix) Or _
82.  Gmap((iy * 6) + ix) = "1" Then

83.  Rline(iy) = Rline(iy) + 1
84.  End If
85.  Next
86.  Next
87.  Right = 0
88.  For ix = 0 To 4
```

```
89. If Rline(ix) = 6 Then
90. Right = Right + 1
91. End If
92. Next
93. If Right = 5 Then
94. Lblshow.Caption = "重玩"
95. Else
96. Lblshow.Caption = ""
97. End If
98. End Sub
```

v Visual Basic程式碼解析

1~6行 : 宣告變數。
7~30行 : 按鍵副程式取得上下左右鍵資訊。
31~34行 : 放入26個字母。
35~38行 : 亂排字母與顯示。
39~41行 : 重玩程式。
42~49行 : 亂排26個字母。
50~53行 : 放入每行有6個相同字母。
54~59行 : 亂排字母。
60~62行 : 產生空白位置。
63~71行 : 顯示字母副程式。
72~97行 : 排列測試副程式。
72~79行 : 空白位置不能測試換不是空白位置。
80~86行 : 測試每行有6個相同字母。
87~98行 : 測試五行有6個相同字母。

→ 執行測試(功能鍵F5)或功能表 執行(R) 開始

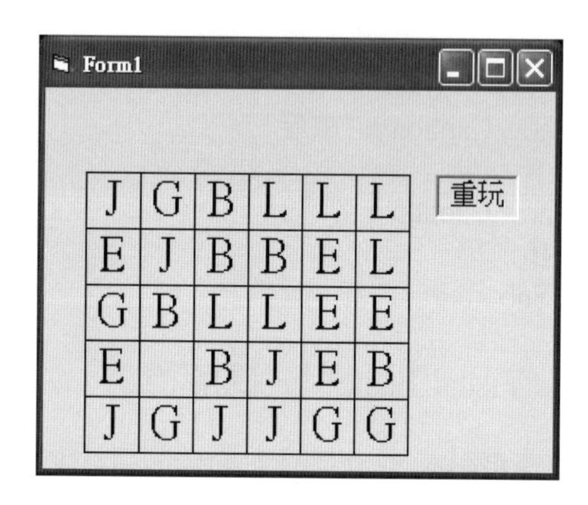

→ 單步執行測試(功能鍵F8)或功能表→偵錯(D)→逐行(I)

Visual Basic

第五章
內建函數與API函數

◆ 對話用的函數

■ MsgBox ("字串", 編號, "字串")
● 例題：變數 = MsgBox("說明0號", 0, "標題")
● 例題：變數 = MsgBox("說明4號", 4, "標題")

■ InputBox("說明", "標題", "輸入")
● 例題：變數 = InputBox("說明", "標題", "輸入")

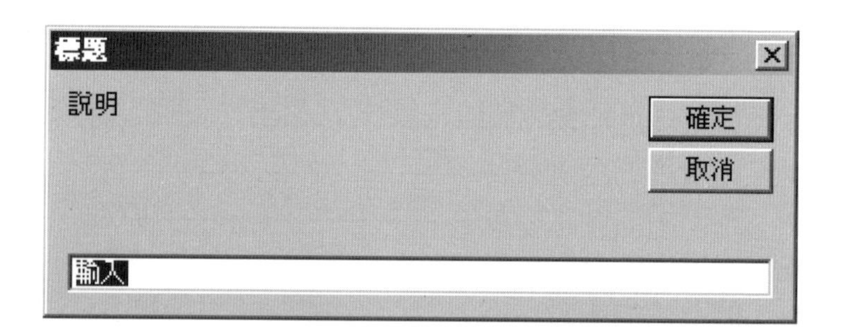

◆ 異常用的函數

Error

● 例題：
On Error Goto 自定名
…

自定名:

◆ 數學用的函數

■ Sqr (浮點Double數) '變數轉平方根值
● 例題：Sqr(64)→8；例題：B,A為浮點變數 B = Sqr(A)

■ Abs (浮點Double數) '變數變正值
● 例題：Abs(-60)→60 ；例題：D,A為浮點變數D = Abs(A)

■ Fix (浮點Double數) '傳回大於等於的整數
● 例題：Fix(-59.9)→-59；例題：X,Y為浮點變數X = Fix(Y)

■ Int (浮點Double數)→ '傳回小於等於的整數
● 例題：Int(-59.9)→ - 60；例題：A,C為浮點變數 A=Int(C)

→ Log (浮點Double數) '對數
● 例題：1000對數是多少?
Log(1000) / Log(10) →3

■ Exp (浮點Double數) 'e
● 例題：Exp(0) →1

■ Oct (整數) '十進位轉八進位
● 例題：Oct(64)→100；例題：D,A為整數變數 A = Oct(D)

■ Hex (整數) '十進位轉十六進位
● 例題：Hex(64)→40；例題：D,A為整數變數 D = Hex(A)

■ Rnd() ' 產生亂數0~1的值

● 例題：Rnd() → 0.7055

■ Randomize '亂數初始新種

● 例題：Randomize ' 新種

A = Rnd() ' 亂數

■ Sin(浮點Double) '

● A,B爲浮點變數，B = Sin(A)

■ Cos (浮點Double) '

● A,B爲浮點變數，B = Cos (A)

◆ 字串用的函數

Len (字串) '算字串長度(空白有算)

● 例題：Len("aa")→ 2

A爲字串變數，D爲整數變數，D = Len(A)

Left (字串,數字) '得到字串左邊開始長度數字個字

● 例題：Left ("abcde",2)→ "ab"

→ 得到字串左邊開始算，長度2個字

● 例題：Left ("abcde",3)→"abc"

→ 得到字串左邊開始算，長度3個字

● 例題：A,B爲字串變數，n爲整數變數，A = Left (B , n)

Right (字串, 數字) '得到字串右邊開始長度數字個字

● 例題：Right("abcde",3) →"cde"

→ 得到字串右邊開始算，長度3個字

● 例題：Right("abcde",4) →"bcde"

→ 得到字串右邊開始算，長度4個字

- 例題：A,B爲字串變數，n爲整數變數，A = Right (B , n)

■ Mid (字串,數A,數B) ' 字串左邊數數A開始到數B個字
- 例題：Mid ("abcdefg",2,5)→"bcdef"

■ 字串左邊數2格開始到5個字

■ Lcase(字串)　　' 字串全部轉成小寫字
- 例題：Lcase("AaAa")→"aaaa"　' AaAa轉aaaa小寫字
- 例題：A,B爲字串變數B = Lcase (A)

■ Ucase (字串)　　' 字串全部轉成大寫字
- 例題：Ucase("AaAa")→"AAAA"　' AaAa轉AAAA
- 例題：A,B爲字串變數　B = Ucase (A)

■ Trim (字串)　　' 字串中最左最右空白移除
- 例題：Trim ("　AaAa　")　'　轉成"AaAa"

→ "　AaAa　"空白移除 "AaAa"
- 例題：A,B爲字串變數　B = Trim (A)

■ Val (字串)　'文字轉數字
- 例題：Val ("6")→6　　"6"轉6
- 例題：A爲字串變數，n爲整數變數　n = Val (A)

■ Str (數字)　' 數字轉文字
- 例題：Str (6) →"6"　' 6轉"6"
- 例題：A爲字串變數，n爲整數變數　A = Str (n)

■ Chr (數字)　　' 數字轉字元
- 例題：Chr(66) →"B"　'66轉"B"
- 例題：A爲字串變數，n爲整數變數　A = Chr (n)

◆ 檔案用的函數

Open "檔案名" For 模式 As #(編號)
…存取
Close #(編號)

' (模式：Input , Output , Binary) 存取：Write, Input

● 例題：讓兩組文字，可儲存到一個檔案與讀取檔案。

→ Visual Basic 語言準備工作

∨ 開啓Visual Basic程式，選擇標準執行檔。
∨ 在Form1表單產生(Label)物件1個。
∨ 在Form1表單產生(TextBox)物件2個。
∨ 在Form1表單產生(CommandButton)物件3個。

→ Visual Basic 表單物件排列狀況

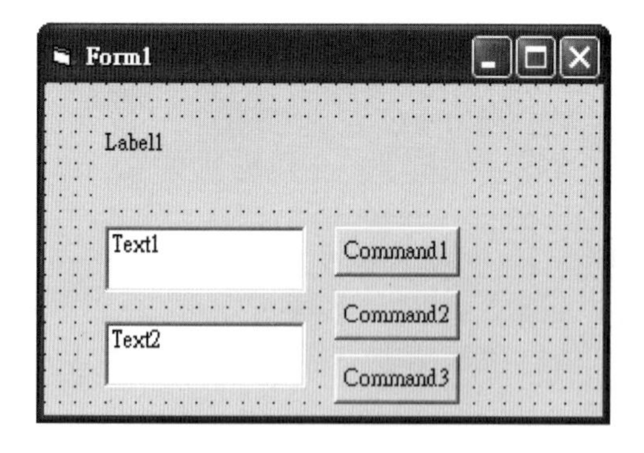

→ 在屬性區中更改自己所需要的資料

物件名	物件名(改)	屬性名	屬性質(改)
Text1	TextA		
Text2	TextB		
Label1	Lblshow		
Command1	Cmdshow	Caption	Show
Command2	Cmdload	Caption	Load
Command3	Cmdsave	Caption	Save

→ Visual Basic 程式碼(檔名：savefile)

```
1. Dim A As String                           '資料A
2. Dim B As String                           '資料B
3. Private Sub Cmdsave_Click()               '存檔程式
4. On Error GoTo goout                       '錯誤處理
5. Open "filetest" For Output As #1          '開檔模式Output
6. Write #1, TextA.Text                      '寫資料Write
7. Write #1, TextB.Text                      '寫資料Write
8. Close #1                                  ' 關檔
9. goout:                                    ' 錯誤處理
10. End Sub
11. Private Sub Cmdload_Click()              '讀檔程式
12. On Error GoTo goout                      '錯誤處理
13. Open "filetest" For Input As #1          '開檔模式Input
14. Input #1, A                              '讀資料Input
15. Input #1, B                              '讀資料Input
16. Close #1                                 '關檔
17. goout:                                   '錯誤處理
18. End Sub
19. Private Sub Cmdshow_Click()
20. Lblshow.Caption = A & B                  '顯示資料
21. End Sub
```

→ Visual Basic 程式碼解析

1~2行：宣告變數。
3~10行：存檔程序。
11~18行：讀檔程序。
19~21行：顯示資料。

☆ 檔案讀取以有順序讀取資料。
☆ 檔案儲存以有順序儲存資料。

→ 執行測試：(功能鍵F5)或功能表→執行(R)→開始(S)

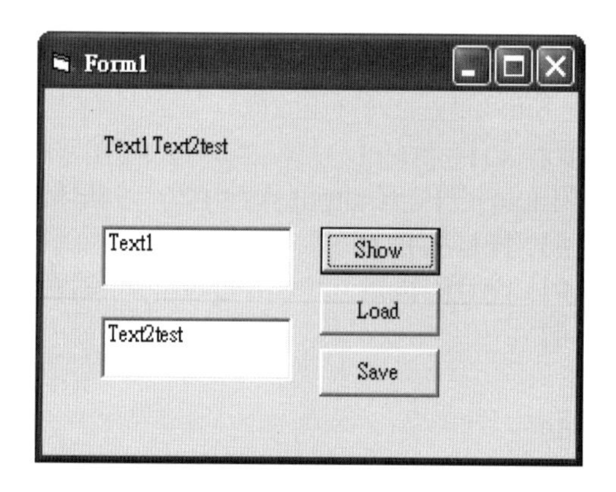

◆ 增加更多的控制項元件

→ Visual Basic 語言準備工作
∨ 開啓Visual Basic程式，選擇標準執行檔。
→ 功能表→專案(P)→設定使用元件(O)
或游標移至物件區空白處按右鍵→設定使用元件
→ 勾出需要的控制項後，按套用(A)

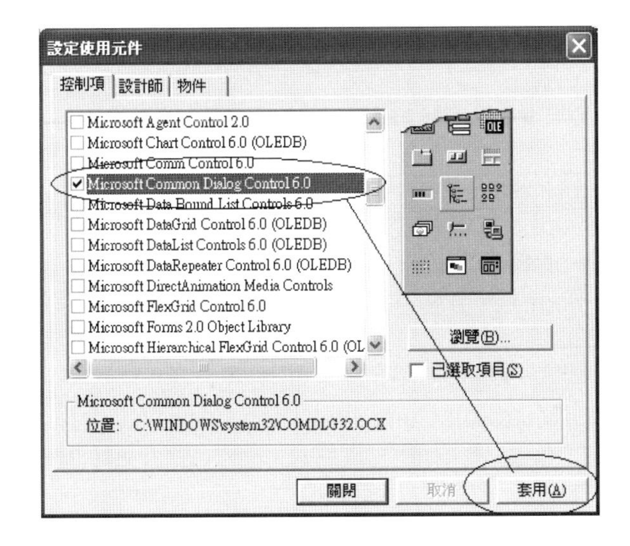

→ 勾出Microsoft Common Dialog Control6.0 後按套用(A)
→ 物件區增加一個控制項元件

● 例題：讓兩組文字，可另儲存檔案與另讀取檔案。

→ Visual Basic 語言準備工作

∨ 開啓Visual Basic程式，選擇標準執行檔。
∨ 在Form1表單產生物件(Label)一個。
∨ 在Form1表單產生物件(TextBox)二個。
∨ 在Form1表單產生物件(CommandButton)三個。

→ 功能表→專案(P)→設定使用元件(O)
→ 勾出Microsoft Common Dialog Control6.0後按套用(A)
∨ 在工作區表單產生物件(CommonDialog)1個

→ Visual Basic 表單物件排列狀況

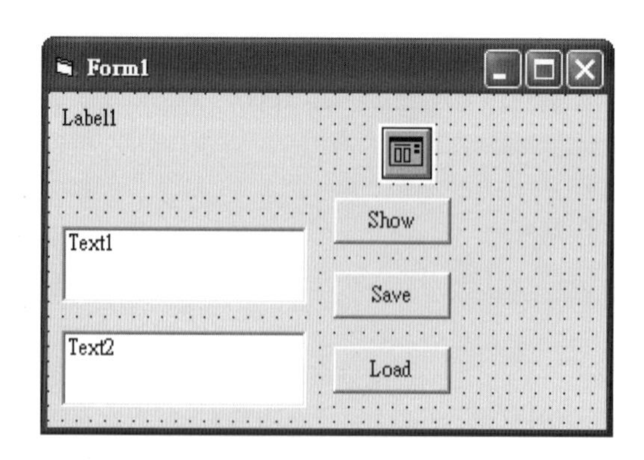

→ 在屬性區中更改自己所需要的資料

物件名	物件名(改)	屬性名	屬性質(改)
Text1	TextA		
Text2	TextB		
Label1	Lblshow		
Command1	Cmdshow	Caption	Show
Command2	Cmdload	Caption	Load
Command3	Cmdsave	Caption	Save
CommonDialog1	CmDlas		

→ Visual Basic 程式碼(檔名：saveas)

```
1.  Dim A As String                                '資料A
2.  Dim B As String                                ' 資料B

3.  Private Sub Cmdsave_Click()                    ' 存檔程式
4.  CmDlas.ShowSave                                ' 另存檔案
5.  If CmDlas.FileName <> "" Then
6.  On Error GoTo Went                             ' 錯誤處理
7.  Open CmDlas.FileName For Output As #1       ' 開檔模式
Output
8.  Write #1, TextA.Text                           ' 寫資料Write
9.  Write #1, TextB.Text                           ' 寫資料Write
10.  Close #1                                      '  關檔
11. End If
12. Went:                                          '  錯誤處理
13. End Sub

14. Private Sub Cmdload_Click()                    ' 讀檔程式
15. CmDlas.ShowOpen                                '另讀檔案
16. If CmDlas.FileName <> "" Then
```

```
17. On Error GoTo Letout                              '錯誤處理
18.  Open CmDlas.FileName For Input As #1'開檔模式Input

19.   Input #1, A                                      '讀資料Input
20.   Input #1, B                                      '讀資料Input
21.  Close #1                                          '關檔
22. End If
23. Letout:                                            '錯誤處理
24. End Sub
25. Private Sub Cmdshow_Click()
26. Lblshow.Caption = A & B                            '顯示資料
27. End Sub
```

→ Visual Basic 程式碼解析

1~2行：宣告變數。
3~13行：另存檔程序。
14~24行：另讀檔程序。
25~27行：顯示資料。

→ 執行測試：(功能鍵F5)或功能表→執行(R)→開始(S)

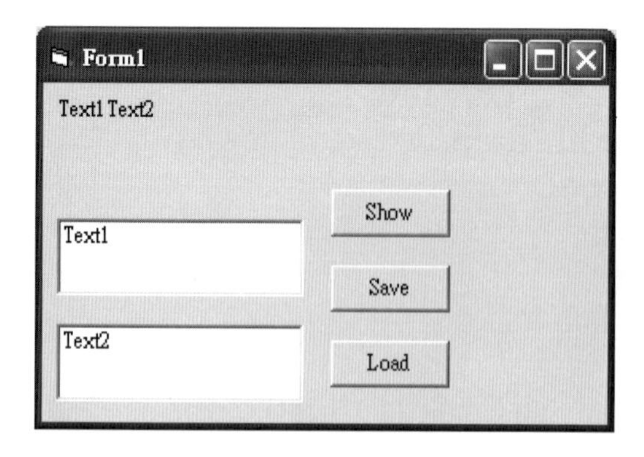

◆ 圖形用的函數

RGB (數A,數B,數C) ' Red: 紅, Green: 綠, Bule: 藍

- 例題：RGB(255, 0, 0) ' 紅色
- 例題：RGB(0, 255, 0) ' 綠色
- 例題：RGB(0, 0, 255) ' 藍色

- 例題：作一個可調紅綠藍深淺組合的調色盤。

→ Visual Basic 語言準備工作

∨ 開啓Visual Basic程式，選擇標準執行檔。
∨ 在工作區表單產生物件(VScrollBar)一個。

→ 在屬性區中更改自己所需要的資料

物件名	物件名(改)	屬性名	屬性質(改)
Form1	Form1	ScaleMode	3-像素
Form1	Form1	AutoRedraw	True
VScroll	VSrRGB	Max	255

∨ 工作區在物件(VSrRGB)按右鍵→複製(C)
∨ 工作區中按右鍵　貼上(P)
∨ 有視窗彈出要求是否建立一個控制項陣列→是(Y)
∨ 工作區左上角出現物件VSrRGB(1)本身名稱改VSrRGB (0)
∨ 工作區中重復按右鍵→貼上(P)，直到VSrRGB (2) 出現

→ Visual Basic 表單物件排列狀況

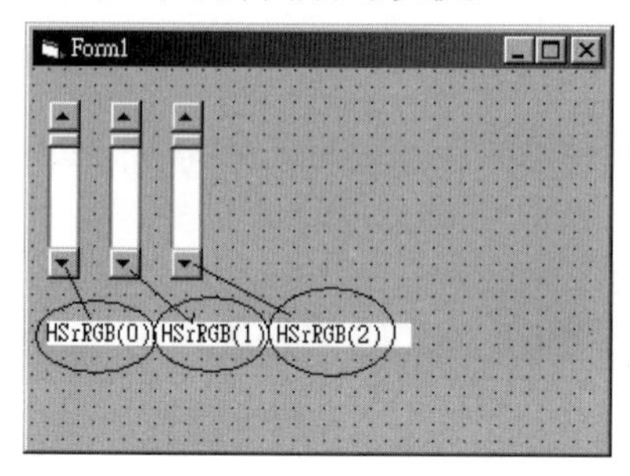

→ Visual Basic 程式碼(檔名：RGB)

```
1.  Dim Cler(2) As Integer                    '三種顏色參數
2.  Private Sub VSrRGB_Change(Index As Integer)         ' 光
棒程式
3.  Cler(Index) = VSrRGB(Index).Value   '光棒位移數當顏
色參數
4.  Form1.Caption = "RGB("               '顯示資料
5.  For i = 0 To 2
6.  Form1.Caption = Form1.Caption & Cler(i)      '顯示資料
7.  If i = 2 Then
8.   Form1.Caption = Form1.Caption & ")"          ' 顯示 ")"
9.  Else
10.  Form1.Caption = Form1.Caption & ","  ' 第一,二參數後
","
11. End If
12. Next
13. ' 劃方塊顯示相關顏色
14. Line (130, 30)-(210, 120), RGB(Cler(0), 0, 0), BF
15. Line (100, 60)-(190, 150), RGB(0, Cler(1), 0), BF
16. Line (160, 90)-(240, 180), RGB(0, 0, Cler(2)), BF
17. Line (130, 60)-(190, 120), RGB(Cler(0), Cler(1), 0), BF
18. Line (160, 120)-(190, 150), RGB(0, Cler(1), Cler(2)), BF
19. Line (190, 90)-(210, 120), RGB(Cler(0), 0, Cler(2)), BF
```

20. Line (160, 90)-(190, 120), RGB(Cler(0), Cler(1), Cler(2)), BF
21. End Sub

→ Visual Basic 程式碼解析

1~2行：宣告變數。
2~21行：滑動光棒程序。
2~12行：顯示RGB狀況。
13~21行：顯示相關顏色。

→ 執行測試：(功能鍵F5)或功能表→執行(R)→開始(S)

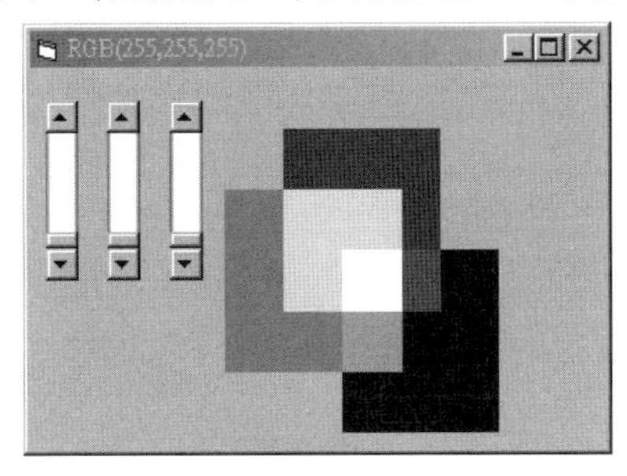

■ LoadPicture　' 載入圖形檔

物件名.Picture = LoadPictue (檔案名)

● 例題: Image1.Picture = LoadPicture("num1.bmp")
→ '載入num1.bmp檔

■ PaintP icture　' 圖形區域轉移處理
結果圖.PaintPicture　物件圖.Picture, 結果圖座標X, 結果圖座標Y,
結果圖寬, 結果圖高, 物件圖座標X, 物件圖座標Y, 物件圖寬,
物件圖高, 處理參數

● 例題：

Form1.PaintPicture img.Picture, 5, 5, 30, 30, 0, 0, 25, 25, vbSrcCopy

→ 複製img.Picture 位置(0,0)~(25,25)到Form1表單位置(5,5)~(30,30)

● 例題：使用PaintPicture的功能，作圖形放大與貼圖練習。

→ Visual Basic 語言準備工作

∨ 開啓Visual Basic程式，選擇標準執行檔。
∨ 在Form1表單產生 (VScrollBar) 物件一個。
∨ 在Form1表單產生 (HScrollBar) 物件一個。
∨ 在Form1表單產生 (PictureBox) 物件一個。
∨ 在Form1表單產生 (Image) 物件一個。
∨ 在Form1表單產生 (Label) 物件二個。

→ 用小畫家或準備一個 VB (48*48像素)點陣圖檔案

→ 此(48*48像素)點陣圖檔案爲Imgvb.Picture所用

→ 在屬性區中更改自己所需要的資料

物件名	物件名(改)	屬性名	屬性質(改)
Form1	Form1	ScaleMode	3-像素
Form1	Form1	AutoRedraw	True
VScroll	VSrY		
HScroll	HSrX		
Label	LblD	Caption	結果圖
Label	LblS	Caption	物件圖
Picture	Pirvb		
Image	Imgvb	Picture	點陣圖

- ∨ 工作區在物件(VSrY)按右鍵→複製(C)
- ∨ 工作區中按右鍵→貼上(P)
- ∨ 有視窗彈出要求是否建立一個控制項陣列→是(Y)
- ∨ 工作區左上角出現物件VSrY(1)本身名稱改VSrY(0)
- ∨ 工作區中重復按右鍵→貼上(P)，直到VSrY(3)出現

- ∨ 工作區在物件(HSrX)按右鍵→複製(C)
- ∨ 工作區中按右鍵→貼上(P)
- ∨ 有視窗彈出要求是否建立一個控制項陣列→是(Y)
- ∨ 工作區左上角出現物件HSrX(1)本身名稱改HSrX(0)
- ∨ 工作區中重復按右鍵→貼上(P)，直到HSrX(3) 出現

→ 表單物件排列狀況

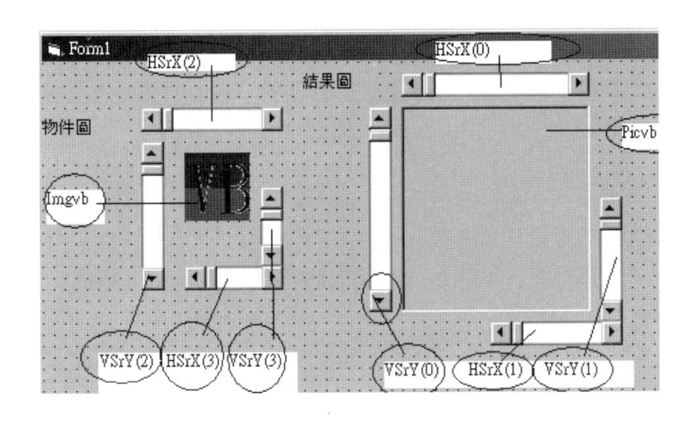

→ Visual Basic 程式碼(檔名：patin)

```
1.  Dim NsdX(3) As Integer                    ' X軸參數
2.  Dim NsdY(3) As Integer                    ' Y軸參數
3.  Private Sub Form_Load()
4.  ' 光棒物件數據規劃
5.  NsdX(1) = 1: NsdX(3) = 1: HSrX(1).Min = 1: HSrX(3).
Min = 1
6.  NsdY(1) = 1: NsdY(3) = 1: VSrY(1).Min = 1: VSrY(3).
Min = 1
7.  HSrX(2).Max = Imgvb.Width - 1: VSrY(2).Max = Imgvb.
Height - 1
8.  HSrX(3).Max = Imgvb.Width: VSrY(3).Max = Imgvb.
Height
9.  HSrX(0).Max = Pirvb.Width - 1: VSrY(0).Max = Pirvb.
Height - 1
10. HSrX(1).Max = Pirvb.Width: VSrY(1).Max = Pirvb.Height
11. End Sub
12. Private Sub HSrX_Change(Index As Integer)  ' X軸參數
13. If HSrX(0).Value < HSrX(1).Value Then       ' X軸起點
值小於寬
14.  NsdX(Index) = HSrX(Index).Value       ' 得到X值參數
15. Else
16.  If HSrX(2).Value < HSrX(3).Value Then ' X軸起點值小
於寬
17.   NsdX(Index) = HSrX(Index).Value     ' 得到X值參數
18.  End If
19. End If
20. Paint_img                 ' 執行圖形轉移副程式
21. End Sub
22. Private Sub VSrY_Change(Index As Integer)  ' Y軸參數
23. If VSrY(0).Value < VSrY(1).Value Then   ' Y軸起點值小
於高
24.  NsdY(Index) = VSrY(Index).Value       ' 得到Y值參數
25. Else
```

```
26.  If VSrY(2).Value < VSrY(3).Value Then ' Y軸起點值小於高
27.   NsdY(Index) = VSrY(Index).Value      ' 得到Y值參數
28.  End If
29. End If
30. Paint_img                              ' 執行圖形轉移副程式
31. End Sub

32. Private Sub Paint_img()          ' 執行圖形轉移副程式
33. Pirvb.Cls
34. Form1.Caption = "結果圖 .PaintPicture , "     ' 顯示資料
35. Form1.Caption = Form1.Caption & NsdX(0) & ", " & NsdY(0) & _
36. ", " & NsdX(1) & ", " & NsdY(1) & ", "
37. Form1.Caption = Form1.Caption & NsdX(2) & ", " & NsdY(2) _
38. & ", " & NsdX(3) & ", " & NsdY(3) & ", "
39. Form1.Caption = Form1.Caption & "vbSrcCopy"
40. ' 執行PaintPicture圖形轉移
41. Pirvb.PaintPicture Imgvb.Picture,  NsdX(0), NsdY(0), _
42. NsdX(1), NsdY(1), NsdX(2), NsdY(2), NsdX(3), NsdY(3), vbSrcCopy
43. End Sub
```

→ Visual Basic 程式碼解析

1~2行：宣告變數。
3~11行：初始值。
12~21行：X軸參數。
22~31行：Y軸參數。
32~43行：圖形轉移副程式。

☆ PaintPicture指令中，結果圖物件，要有標頭參數(hDc)，才能使用。
☆ Form表單與PictureBox物件內定有(hDc)標頭參數，所以可當結果圖物件。
☆ 有標頭參數(hDc)的物件，才能作圖形轉移運算。
☆ Image控制項物件，內定無標頭參數(hDc)，不可以作圖形轉移運算，只能圖案載入。

→ 執行測試：(功能鍵F5)或功能表→執行(R)→開始(S)

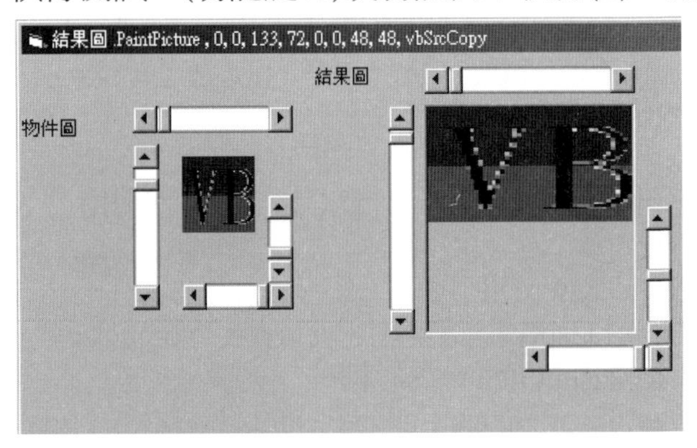

◆ 系統用的函數

■ Exit 離開指示

Exit For 離開 For迴圈
Exit Sub 離開 Sub程序
Exit Do 離開 Do 條件式迴圈

■ DoEvents

→ 使用DoEvents讓CPU多工，分享使用權。
→ CPU長時間執行的程式，需要用到DoEvents。
→ 使用DoEvents，電腦比較不會當機。
→ For迴圈數大時，需要使用DoEvents。
→ Do…while迴圈，盡量使用DoEvents。

例題:

```
Private Sub Form_Load()
 For i = 0 To 100
  For j = 0 To 100
   For k = 0 To 100
    DoEvents      ' CPU多工分享
   Next
  Next
 Next
End Sub
```

例題:

```
Private Sub Form_Load()
Do
DoEvents      ' CPU多工分享
Loop While 1
End Sub
```

→ 執行測試(功能鍵F5)後，有加DoEvents指令，可停止測試。
→ 執行測試(功能鍵F5)後，無加DoEvents指令，當機。

◆ 自訂函數(副程式)

- 有一段程式碼經常使用到，建立一個程序，稱副程式。
- 歌曲也分主歌與副歌，大概主歌唱一次，副歌唱二次以上。
- 自訂函數(副程式)的宣告與物件程式結構是一樣的。

◆ 自訂函數(副程式)的宣告

→ Visual Basic 語言準備工作

→ 開啓Visual Basic程式，選擇標準執行檔。
→ 在Form表單上，滑鼠雙擊左鍵進入程式區。
→ 功能表 →工具(T)→新增程序(P)
→ 出現新增程序視窗
→ 選擇需要的種類與名稱。
→ 在名稱欄輸入自定名Testa

→ 程式區產生Testa程序

```
Public Sub Testa()
…
End Sub
```

◆ API 函數的使用

→ 開啓Visual Basic程式，選擇標準執行檔。
→ 功能表→增益集→增益功能管理員

專案(P) 格式(O) 偵錯(D) 執行(R) 查詢(U) 圖表(I) 工具(T) 增益集(A)
滑鼠左鍵

→ 滑鼠左鍵雙擊Visual Basic 6 API檢視員→啓動→確定

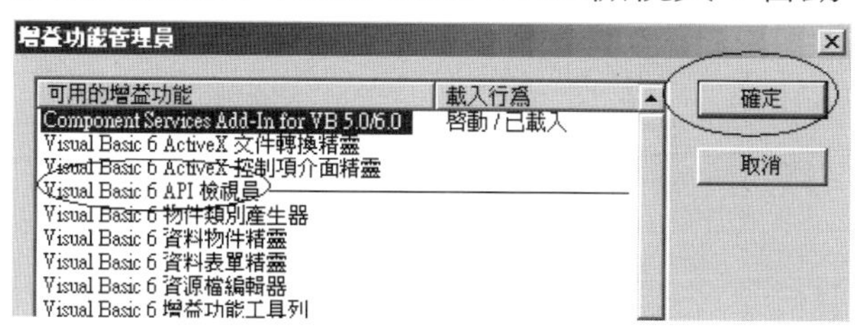

→ 功能表→增益集→API 檢視員

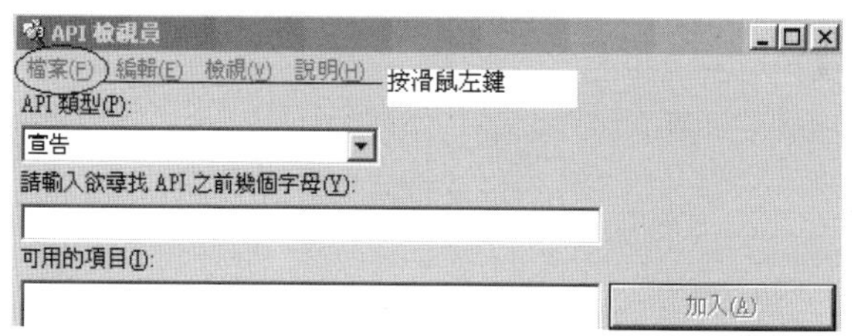

→ 按檔案→載入文字檔→WIN32API→確定

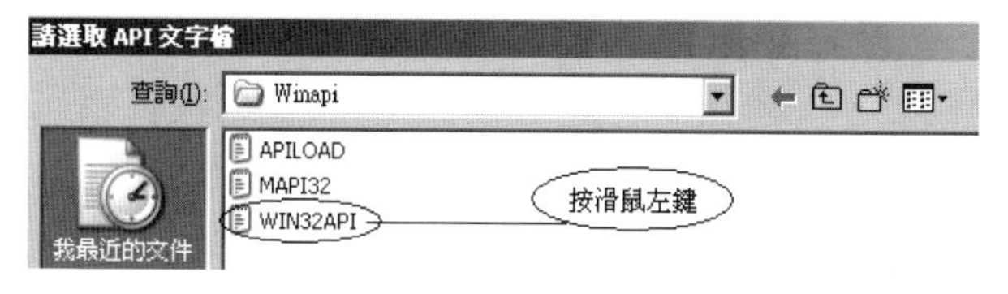

→ 選擇所需要的API函數後按複製

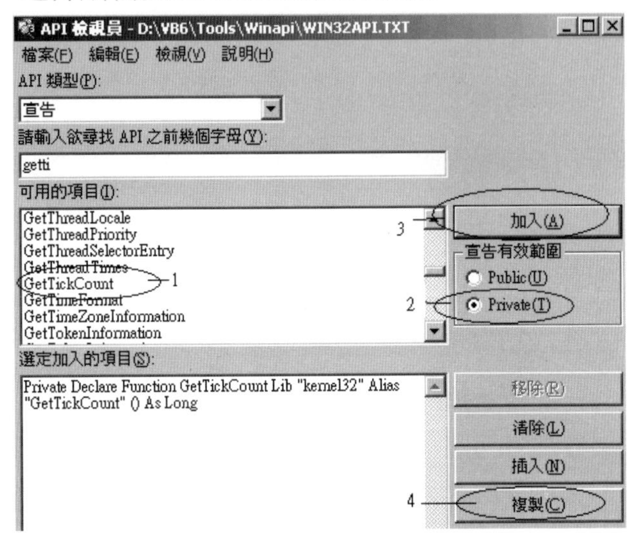

→ 至程式區中按滑鼠右鍵貼上

● 例題：用GetTickCount的API函數，作倒數計時器功能。

→ Visual Basic 語言準備工作

∨ 開啟Visual Basic程式，選擇標準執行檔。

∨ 在工作區表單產生物件(Label)四個。

∨ 在工作區表單產生物件(HScrollBar)二個。

∨ 在工作區表單產生物件(CommandButton)一個。

→ Visual Basic 表單物件排列狀況

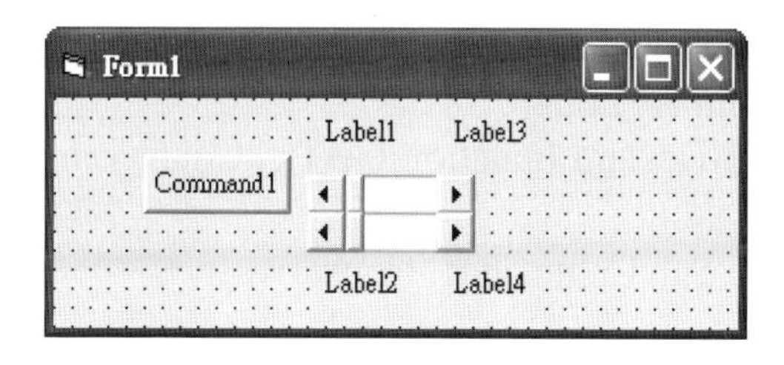

→ 在屬性區中更改自己所需要的資料

物件名	屬性名	屬性質(改)
Label1, Label2	Caption	0
Label3	Caption	分
Labe4	Caption	秒
Command1	Caption	計時
HScroll2	Max	59
HScroll1	Max	300

→ 功能表→增益集→增益功能管理員
→ 滑鼠左鍵雙擊Visual Basic 6 API檢視員→啟動→確定
→ 功能表→增益集→API檢視員
→ API檢視員→按檔案→載入文字檔→WIN32API→確定
→ 在程式區產生GetTickCount的API函數宣告
→ Private Declare Function GetTickCount Lib "kernel32" () As Long

→ Visual Basic 程式碼(檔名：apitime5-26)

```
1. Dim t As Long                                    '暫存
2. Dim sec As Long                                  '秒
3. Dim min As Long                                  '分
4. Private Declare Function GetTickCount Lib "kernel32" ()
As Long                                             ' API函數宣告
5. Private Sub Command1_Click()
6. Do
7.  t = GetTickCount()                              ' API函數使用
8.  Do While GetTickCount() < t + 500               '計時
9.   DoEvents          ' CPU多工
10. Loop
11.sec = sec - 1                                    '秒鐘倒數計時
12.If sec <= -1 Then
13. sec = 59                                        '秒鐘歸59
14. min = min - 1                                   '分倒數計時
15.End If
16.If min <= -1 Then                                '0分鐘
17. Label1.Caption = "over"                         '顯示結束
18. min = 0                                         '秒鐘歸0
19. sec = 0                                         '分鐘歸0
20. Exit Sub
21.Else
22. Label1.Caption = min                            '顯示分鐘
23. HScroll1.Value = min                            '顯示分鐘
24.End If
25.Label2.Caption = sec                             '顯示秒鐘
26.HScroll2.Value = sec                             '顯示秒鐘
27.Loop While 1
28.End Sub
29.Private Sub HScroll1_Change()
30.min = HScroll1.Value                             '輸入分鐘
```

```
31.Label1.Caption = min                    '顯示分鐘
32.End Sub
33.Private Sub HScroll2_Change()
34.sec = HScroll2.Value                     '輸入秒鐘
35.Label2.Caption = sec                     '顯示秒鐘
36.End Sub
```

→ Visual Basic 程式碼解析

1~3行：宣告變數。
4行：宣告API函數 GetTickCount。
5~28行：倒數計時程序。
29~32行：滑動光棒分鐘參數。
33~36行：滑動光棒秒鐘參數。

→ 執行測試：(功能鍵F5)或功能表→執行(R)→開始(S)

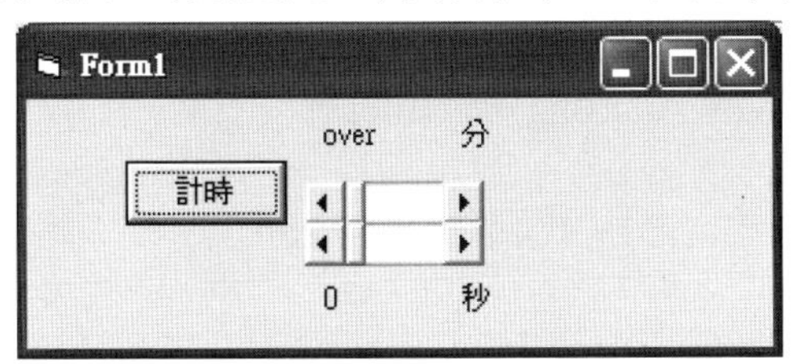

● 例題：用GetAsyncKeyState的API函數，設計鍵盤只能使用0~9按鍵。

→ Visual Basic 語言準備工作

∨ 開啓Visual Basic程式，選擇標準執行檔。
∨ 在工作區表單產生物件(Label)一個。

→ Visual Basic 表單物件排列狀況

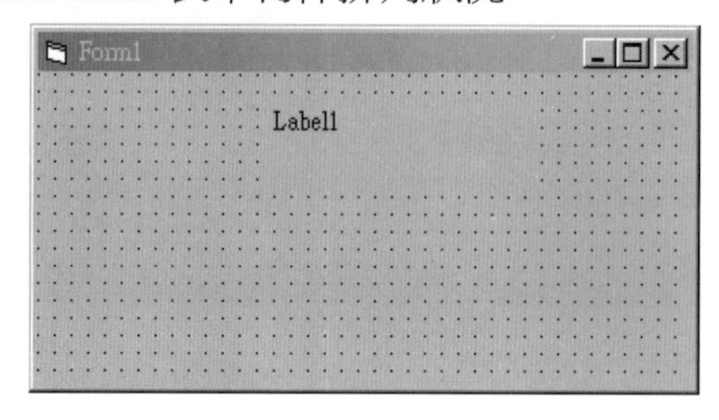

→ 功能表→增益集→增益功能管理員
→ 滑鼠左鍵雙擊Visual Basic 6 API檢視員→啟動→確定
→ 功能表→增益集→API檢視員
→ API檢視員→按檔案→載入文字檔→WIN32API→確定
→ 在程式區產生GetAsyncKeyState的API函數宣告

```
Private Declare Function GetAsyncKeyState Lib "user32"
(ByVal vKey As Long) As Integer '
```

→ Visual Basic 程式碼(檔名：apikey)

```
1.Private Declare Function GetAsyncKeyState Lib
 "user32"    (ByVal vKey As Long) As Integer    ' 宣告
  API函數使用

2. Private Sub Form_Activate()          '表單活動
3. Dim DownKeyApi As Boolean
4. Do While 1                           ' 永遠迴圈
5. For i = 48 To 57                     ' 0~9數字鍵
6. DoEvents                             ' 電腦多工
7. DownKeyApi = IIf(GetAsyncKeyState(i), 1, 0) '按下鍵盤
8. If DownKeyApi Then Label1.Caption = Chr(i)  '顯示數字
鍵
```

9. Next
10. Loop
11. End Sub

→ Visual Basic 程式碼解析

1行：宣告API函數 GetAsyncKeyState。
2~11行：表單活動程序。
3行：宣告變數。
7行：按下鍵盤狀況。
8行：是0~9數字鍵，就顯示。

→ 執行測試：(功能鍵F5)或功能表→執行(R)→開始(S)

● 例題：使用Polygon的API函數，畫一個五邊形。

→ Visual Basic 語言準備工作

→ 功能表→增益集→增益功能管理員
→ 滑鼠左鍵雙擊Visual Basic 6 API檢視員→啓動→確定
→ 功能表→增益集→API檢視員
→ API檢視員→按檔案→載入文字檔→WIN32AP→確定

→ 在程式區產生Polygon的API函數宣告

```
Private Declare Function Polygon Lib "gdi32" (ByVal hdc As Long,  lpPoint As POINTAPI, ByVal nCount As Long) As Long
```

→ 在程式區產生POINTAPI的資料結構(自定型別)

```
Private Type POINTAPI
    x As Long
    y As Long
End Type
```

→ Visual Basic 程式碼(檔名：poly5)

```
1.  Private Declare Function Polygon Lib "gdi32" (ByVal hdc As Long,  lpPoint As POINTAPI, ByVal nCount As Long) As Long
2.  Private Type POINTAPI
3.   x As Long
4.  y As Long
5.  End Type
6.  Dim Gimg(4) As POINTAPI
7.  Private Sub Form_Load()
8.  Form1.ScaleMode = 3
9.  Form1.AutoRedraw = True
10. Gimg(0).x = 50:  Gimg(0).y = 50
11. Gimg(1).x = 90:  Gimg(1).y = 50
12. Gimg(2).x = 70:  Gimg(2).y = 70
13. Gimg(3).x = 20:  Gimg(3).y = 60
14. Gimg(4).x = 20:  Gimg(4).y = 20
15. Polygon Me.hdc, Gimg(0), 5     '
16. End Sub
```

→ Visual Basic 程式碼解析

1行：Polygon的API函數宣告。
2~5行：POINTAPI爲資料結構(自定型別)。
6行：變數宣告。
10~14行：五組座標值
15行：Polygon函數執行5邊形(幾邊形就要幾組座標)。

→ 執行測試：(功能鍵F5)或功能表→執行(R)→開始(S)

筆記

Visual Basic

第六章
數理公式

◆ 數學運算

→ 設 (Double) 浮點變數A，B，C，…Y

- 數學加式寫法：Y = A+B

→ Visual Basic加式寫法：Y = A + B

- 數學減式寫法：Y=A-B

→ Visual Basic減式寫法：Y = A-B

- 數學乘式寫法：Y= AxB

→ Visual Basic乘式寫法：Y = A * B

- 數學除式寫法：Y = A÷B

→ Visual Basic除式寫法：Y = A / B

- 數學商式寫法：A÷B的商爲Y

→ Visual Basic商式寫法：Y = A \ B

- 數學餘式寫法：A÷B的餘爲Y

→ Visual Basic餘式寫法：Y = A Mod B

- 例題：Y= 3 x 9，Visual Basic寫法？

→ Visual Basic乘式寫法：Y = 3 * 9

- 例題：Y = A÷B，Visual Basic寫法？

→ Y = 9 / 4 ' Y=2.25

- 例題: 7÷3的商爲Y，Visual Basic寫法？

→ Y = 7 \ 3 ' Y=2

- 例題: 7÷3的餘爲Y，Visual Basic寫法？

→ Y = 7 Mod 3 ' Y=1

◆ 指數定義與公式

→ 設 (Double) 浮點變數a，b，c，…y
$a^2 = a * a$； $a^3 = a * a * a$ ； $a^0 = 1$

■ 數學指數公式：$x = a^n$
→ Visual Basic寫法：x = a ^ n

■ 數學指數公式：$x=a^s * a^n = a^{s+n}$
→ Visual Basic寫法 : x = a ^ (s + n)

■ 數學指數公式：$x= (a * b)^n = a^n * b^n$
→ Visual Basic寫法：x = (a ^ n) * (b ^ n)

■ 數學指數公式寫法：$x=(a^s)^n = a^{s*n}$
→ Visual Basic寫法 : x = a ^ (s * n)

■ 數學指數公式寫法：$x=a^{1/n}$
→ Visual Basic寫法 : x = a ^ (1 / n)

■ 數學指數公式：$x = a^{-n} = 1/a^n$
→ Visual Basic寫法：x = a ^ (-n)

■ 數學指數公式：$x=a^s / a^n = a^{s-n}$
→ Visual Basic寫法：x = a ^ (s - n)

● 例題：$x = 5^3$ Visual Basic指數公式寫法？
→ x = 5 ^ 3

● 例題：$x = 5^3 * 5^2$ Visual Basic指數公式寫法？
→ x = (5 ^ 3) * (5 ^ 2)

◆ 對數定義與公式

→ 設 (Double) 浮點變數a，b，c，…y,z

■ 數學對數公式：$x = a^n$　　$\log_a x = n$
→ Visual Basic寫法：n = Log(x) / Log(a)

■ 數學對數公式：$n=\log_a xy = \log_a x + \log_a y$
→ Visual Basic寫法：n = (Log(x) + Log(y)) / Log(a)

■ 數學對數公式：$n =\log_a x/y = \log_a x - \log_a y$
→ Visual Basic寫法：n = (Log(x) - Log(y)) / Log(a)

■ 數學對數公式：$n =\log_a x^k = k * \log_a x$
→ Visual Basic寫法：n = k * Log(x) / Log(a)

■ 數學對數公式：$n =\log_a 1/x = - \log_a x$
→ Visual Basic寫法：n = -Log(x) / Log(a)

■ 數學對數公式：$n=\log_a x = \log_a y *\log_y x$

→ Visual Basic寫法 :
n = (Log(y) / Log(a)) * (Log(x) / Log(y))

● 例題：$1000 = x^3 = 10^3$　　$n= 3*\log_{10} 10 = 3$
→ Visual Basic對數公式寫法 :

n = Log(1000) / Log(10)

◆ 三角函數

→ 設 (Double) 浮點變數A，B，C，…，Y

$\sin\theta = B / C$

$\cos\theta = A / C$

$\tan\theta = B / A$

$\cot\theta = A / B$

$\sec\theta = C / A$

$\csc\theta = C / B$

直角三角形

C

B

θ

A

→ 若C=1　　$\sin\theta = B$ ，$\cos\theta = A$

☆　$\pi = 180^\circ$，$\pi = 3.14159\cdots$，π 弧度$=180^\circ$

度°	30	45	60	90	120	135	150	180
弧度	$\pi / 6$	$\pi / 4$	$\pi / 3$	$\pi / 2$	$2\pi / 3$	$3\pi / 4$	$5\pi / 6$	π

度°	210	225	240	270	300	315	330	360
弧度	$7\pi / 6$	$5\pi / 4$	$4\pi / 3$	$3\pi / 2$	$5\pi / 3$	$7\pi / 4$	$11\pi / 6$	2π

$\tan\theta = \sin\theta / \cos\theta$ ，$\csc\theta = 1 / \sin\theta$

$\sin(-\theta) = -\sin\theta$ ，$\cos(-\theta) = \cos\theta$

(sin (θ))^2+ (cos(θ))^2 = 1

● 例題：Y= sin30° = sin(π /6)

→ Visual Basic寫法:

Y = Sin(3.14159 / 6)

● 例題: Y= cos60° = cos(π /3)

→ Visual Basic寫法：

Y = Cos(3.14159 / 3)

● 例題：sin0° 求 Y = tan0° ?

0° =0 π

→ Visual Basic寫法：

Y = Cos(0)

Y = (Sin(0)) / Y

● 例題：畫Sin(θ)圖與Cos(θ)圖的差別？

→ Visual Basic 語言準備工作

∨ 開啓Visual Basic程式，選擇標準執行檔。

∨ 在工作區表單產生物件(Label)二個。

物件名	屬性名	屬性質(改)
Label1	Caption	Sin(X)
Label2	Caption	Cos(X)
Label1	ForeColor	&HFF
Label2	ForeColor	&HFF0000

→ Visual Basic 表單物件排列狀況

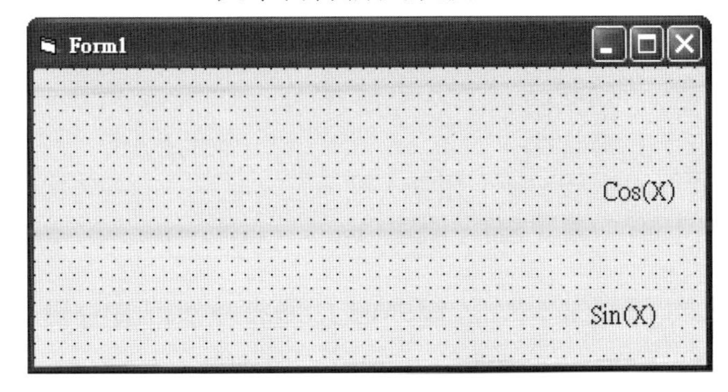

→ Visual Basic 程式碼(檔名：sinf)

```
1.  Private Sub Form_Load()
2.  Form1.AutoRedraw = True        '自動重繪
3.  Form1.ScaleMode = 3            ' 像素
4.  Label1.ForeColor = &HFF        ' 紅色
5.  Label2.ForeColor = &HFF0000    '藍色
6.  Dim i, x, pic As Double        '
7.  pic = 3.14159                  '圓週率
8.  Line (100, 25)-(100, 500), RGB(0, 0, 0)   '畫線Y
9.  Line (50, 100)-(600, 100), RGB(0, 0, 0)   '畫線X
10. For i = 0 To 700 Step 1        '
11.  x = Sin((i / 180) * pic)      ' Sin計算(度與徑轉換)
12.  PSet (100 + i / 3, 100 - (x * 50)), RGB(255, 0, 0)  ' 畫點
    Sin
13.  x = Cos((i / 180) * pic)      ' Cos計算(度與徑轉換)
14.  PSet (100 + i / 3, 100 - (x * 50)), RGB(0, 0, 255)  ' 畫點
    Cos
15. Next
16. End Sub
```

→ Visual Basic 程式碼解析

1~5行：初始值。
6行：變數宣告。
8~9行：畫線Y軸，畫線X軸。
10~16行：畫點Sin、畫點Cos。

→ 執行測試：(功能鍵F5)或功能表→執行(R)→開始(S)

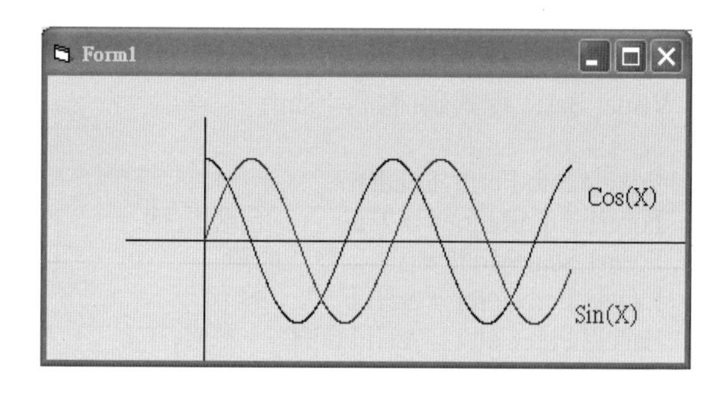

→ 結束執行測試：功能表→執行(R)→結束(E)

◆ 物品組合

$n! = n(n-1)*(n-2)\cdots 3*2*1$

● 例題：$5! = 5*4*3*2*1$　$(0!=1)$

→ 有n個東西，選a個出來，有多少不同的組合?

☆ 數學式：$C_a^n = n! / (n-a)!*a!$

● 例題：有d，e，f，g個東西，選2個出來，有多少的組合?

組合	東西	東西	東西	東西
1	d	e		
2	d		f	
3	d			g
4		e	f	
5		e		g
6			f	g

數學式：$C_a^n = n! / (n-a)!*a!$

$C_2^4 = 4! / (4-2)!*2!$

$C_2^4 = (4 * 3 * 2 * 1) / (2 * 1 * 2 * 1) = 6$

● 例題：有5個東西，選3個出來，有多少的組合?

數學式：$C_a^n = n! / (n-a)!*a!$

$C_3^5 = 5! / (5-3)!*3!$

$C_3^5 = (5 * 4 * 3 * 2 * 1) / (2 * 1 * 3 * 2 * 1) = 10$

◆ 物品排列

→ 有n個東西，選a個出來，全部排列有多少?

☆ 數學式：$P_a^n = n! / (n-a)!$

● 例題：有d，e，f個東西，選2個出來，全部排列有多少?

排列	東西	東西
1	d	e
2	e	d
3	e	f
4	f	e
5	d	f
6	f	d

$P_a^n = n! / (n-a)!$
$P_2^3 = 3! / (3-2)!$
$P_2^3 = (3 * 2 * 1) / 1 = 6$

● 例題：有5個東西，選3個出來，全部排列有多少?

$P_3^5 = 5! / (5-3)!$
$P_3^5 = (5 * 4 * 3 * 2 * 1) / (2 * 1) = 60$

● 例題：有5個東西，選2個出來，全部排列有多少?

$P_2^5 = 5! / (5-2)!$
$P_2^5 = (5 * 4 * 3 * 2 * 1) / (3 * 2 * 1) = 20$

● 例題：計算38選5排列與組合有多少？(0!=1)

→ 有n個東西，選a個出來
→ 組合公式：C_a^n = n! / (n-a)!*a!
→ 組合算式：C_5^{38} = 38! / (38-5)!*5!
→ 排列公式：P_a^n = n! / (n-a)!
→ 排列算式：P_5^{38} = 38! / (38-5)!

→ Visual Basic 語言準備工作

∨ 開啟Visual Basic程式，選擇標準執行檔。
∨ 在Form1表單產生物件(Label)四個。
∨ 在Form1表單產生物件(HScrollBar)一個。

→ 在屬性區中更改自己所需要的資料

物件名	物件名(改)	屬性名	屬性質(改)
Label1	Lbln		
Label2	Lbla		
Label3	Lblmin		
Label4	Lblmax		
HScroll1	HSrset		

工作區在物件(HSrset)按右鍵→複製(C)
工作區中按右鍵→貼上(P)
有視窗彈出要求是否建立一個控制項陣列→是(Y)
工作區左上角出現物件HSrset(1)本身名稱改HSrset(0)

→ Visual Basic 表單物件排列狀況

→ Visual Basic 程式碼(檔名：listmax)

```
1.  Dim n, a As Integer
2.  Private Sub Form_Load()
3.  n = 1:  a = 1:
4.  HSrset(1).Max = 1:  HSrset(0).Max = 70
5.  Form1.Caption = "組合與排列"
6.  Lbln.Caption = "有" & n & "種物品"
7.  Lbla.Caption = "選" & a & "種物品"
8.  Show_list
9.  End Sub
10. Private Sub HSrset_Change(Index As Integer)
11. Select Case Index
12. Case 0
13.  n = HSrset(0).Value
14.  Lbln.Caption = "有" & n & "種物品"
15.  HSrset(1).Max = n
16.  Show_list
17. Case 1
18.  a = HSrset(1).Value
19.  Lbla.Caption = "選" & a & "種物品"
20.  Show_list
21. End Select
22. End Sub
```

```
23. Private Sub Show_list()
24. Dim nx, ax, nax, list As Double
25. Dim i As Integer
26. nx = 1: ax = 1: nax = 1
27. For i = 1 To n
28.  nx = nx * i                ' n!
29. Next
30. For i = 1 To a
31.  ax = ax * i                ' a!
32. Next
33. For i = 1 To n - a
34.  nax = nax * i              ' (n- a)!
35. Next
36. list = nx / (nax * ax)
37. Lblmin.Caption = "有" & list & "組不同的組合"
38. list = nx / nax
39. Lblmax.Caption = "有" & list & "組不同的排列"
40. End Sub
```

→ Visual Basic 程式碼解析

1 行：變數n爲所有物品數。變數a爲選擇物品數。
2~9 行：初始値。
10~22 行 : 輸入物品參數。
13 行：輸入所有物品數。
18行：輸入選擇物品數。
23~40 行：計算物品排列與組合狀況。
27~29 行：計算所有物品數 n! 。
30~32 行 : 計算選擇物品數 a! 。
33~35 行 ： 計算所有物品數與選擇物品數的差 (n-a)!。
36~40行：計算物品組合、排列有多少種。

→ 執行測試：(功能鍵F5)或功能表→執行(R)→開始(S)

- 按鍵式溫度轉換
- 例題：按鍵輸入型攝氏溫度轉換華氏溫度與絕對溫度。

→ 標準轉換方程式：攝氏C=(華氏F-32)*(5 / 9)
→ 標準轉換方程式：絕對溫度K= 273+攝氏C
→ 標準轉換方程式：華氏F = (攝氏C *(9 / 5)) + 32
F，C，K 為浮點變數

→ 標準式：C =（F-32）*(5/ 9)
→ 標準式：F = (C*(9 / 5)) + 32
→ 標準式：K= 273+C

→ Visual Basic 語言準備工作

∨ 開啟Visual Basic程式，選擇標準執行檔。
∨ 在工作區表單產生物件(VScrollBar)一個。
∨ 在工作區表單產生物件(Label)七個。
∨ 在工作區表單產生物件(TextBox)一個。

→ Visual Basic 表單物件排列狀況

→ 在屬性區中更改自己所需要的資料

物件名	屬性名	屬性質(改)
Label1	Caption	攝氏
Label2	Caption	華氏
Label3	Caption	絕對溫度
Label7	Caption	移動光棒
VScroll1	Max	-300
VScroll1	Min	300
Text1	Text	0

Visual Basic 程式碼(檔名：tempkey)

```
1.  Dim C As Single              ' 外部浮點變數C
2.  Private Sub Form_Load()
3.  Text1.Text = ""
4.  End Sub

5.  Private Sub Text1_KeyUp(KeyCode As Integer,
Shift As Integer)
```

```
6.    If (KeyCode = 189 And Len(Text1.Text) = 1) Then
Exit Sub                                '-號鍵
7.    If (KeyCode >= 48 And KeyCode <= 57) And _
8.    Text1.Text <> "" And Len(Text1.Text) < 5 Then
' 0~9鍵
9.     C = Text1.Text                   ' 輸入溫度
10.    Show_temp                        ' 執行顯示副程式
11.   Else
12.    Text1.Text = ""                  ' 資料清除
13.    C = 0
14.   End If
15.   End Sub
16.   Private Sub VScroll1_Change()          ' 光棒資料
17.   Text1.Text = VScroll1.Value  ' 光棒資料輸入
18.   C = VScroll1.Value               ' 光棒資料輸入
19.   Show_temp                        ' 執行顯示副程式
20.   End Sub
21.   Private Sub Show_temp()    ' 顯示副程式
22.   Label4.Caption = C
23.   Label5.Caption = (9 / 5 * C) + 32      '  攝氏與華
氏轉換
24.   Label6.Caption = 273 + C   '  攝氏與絕對溫度轉
換
25.   End Sub
```

→ Visual Basic 程式碼解析

1行：變數C爲攝氏溫度。

2~4行：初始値。

5~6行：鍵盤輸入第一個字爲 - 鍵。

7~10行：鍵盤輸入數字0~9鍵。

11~15行：資料清除。

16~20行：滑動光棒輸入參數。

21~25行：顯示副程式，華氏轉換、絕對溫度轉換。

→ 執行測試：(功能鍵F5)或功能表　執行(R)　開始(S)

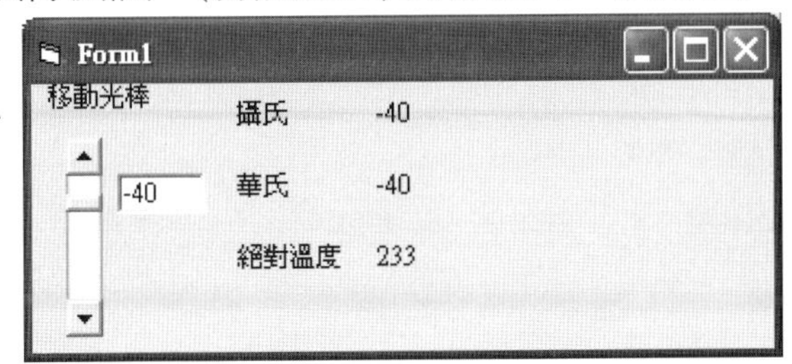

- 等速度
- 例題：相距20公尺，貓時速50公里，捉老鼠時速40公里，需要多少時間？

→ 數學解法：50km/h=13.8m/sec=40km/h=11m/sec
→ 數學解法：13.8*t = 20+11* t，t = 20 / (13.8-11)
→ 設貓速度爲Ca，鼠速度爲Ma，相距爲D，時間爲T。
→ 數學公式：Ca * T = D + Ma * T　, T = D / (Ca - Ma)
→ T，D，Ca，Ma 爲浮點變數

→ Visual Basic 語言準備工作

∨ 開啓Visual Basic程式，選擇標準執行檔。
∨ 在工作區表單產生物件(Label)五個。
∨ 在工作區表單產生物件(CommandButton)一個。
∨ 在工作區表單產生物件(CombolBox)一個。
∨ 工作區在物件(Combo1)按右鍵　複製(C)
∨ 工作區中按右鍵→貼上(P)
∨ 有視窗彈出要求是否建立一個控制項陣列→是(Y)
∨ 工作區左上角出現物件Combo1(1)本身名稱改Combo1(0)
∨ 工作區中重復按右鍵→貼上(P)，直到Combo1(2)出現

→ Visual Basic 表單物件排列狀況

→ 在屬性區中更改自己所需要的資料

物件名	屬性名	屬性質(改)
Label1	Caption	A物時速
Label2	Caption	B物時速
Label3	Caption	相距公尺
Label4	Caption	A物追B物需
Label1...Label5	Alignment	2-置中對齊
Command1	Caption	計算
Combo1(0)	Text	50
Combo1(1)	Text	40
Combo1(2)	Text	20

→ 工作區在物件Combo1(0)雙擊滑鼠左鍵進入程式區
→ 程式區Combo1中選擇KeyUp按鍵程式

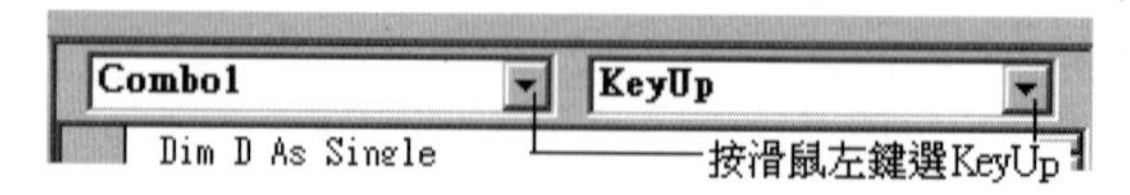

→ Visual Basic 程式碼(檔名：catomouse)

```
1.   Dim D, Ca, Ma, T As Single
                                    '公尺,A物時速,B物時速,時間
2.   Private Sub Combo1_KeyUp(Index As Integer, KeyCode
As Integer,  Shift As Integer)        '按鍵程式
3.   If Len(Combo1(Index).Text) > 5 Or 57 < KeyCode Or _
4.   KeyCode < 48 Then Combo1(Index).Text = ""
5.   End Sub

6.   Private Sub Command1_Click()          '計算
7.   For i = 0 To 2
8.    If Combo1(i).Text = "" Then Combo1(i).Text = 0
9.   Next
10.  Ca = Combo1(0).Text             ' 輸入A物時速貓
11.  Ma = Combo1(1).Text             ' 輸入B物時速老鼠
12.  D = Combo1(2).Text              ' 輸入相距離公尺
13.  If Ca - Ma > 0 And Ca <> 0 Then  ' A物時速大於B物時
速
14.   Ca = (Ca * 1000) / (60 * 60)   ' A物速度貓m/sec
15.   Ma = (Ma * 1000) / (60 * 60)   ' B物速度老鼠m/sec
16.   T = D / (Ca - Ma)              ' 計算時間
17.   Label5.Caption = T & " sec"    ' 顯示時間
18.  Else
19.   Label5.Caption = "追不上"
20.  End If
21.  End Sub
```

→ Visual Basic 程式碼解析

1 行：變數宣告D公尺, Ca時速, Ma時速, T時間。
2~5行：鍵盤輸入數字0~9鍵。
6~21行：時速 Km/h　m/sec，計算與顯示時間。

→ 執行測試：(功能鍵F5)或功能表→執行(R)→開始(S)

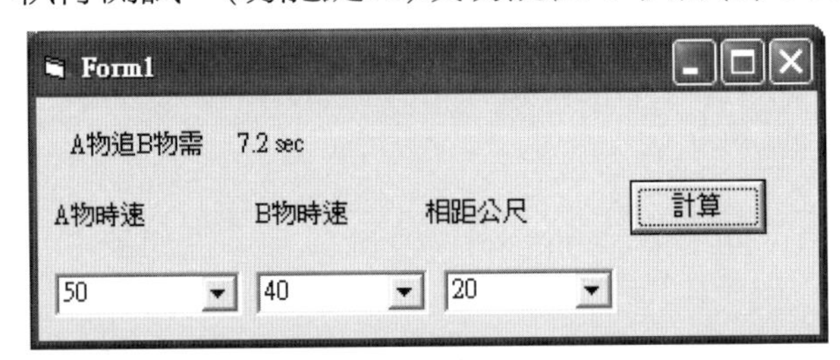

- 一次一元方程式
- 例題：一元一次方程式 2*X+4=10 求X等於多少？

→ 標準式：A*X + B = C
→ X：浮點變數；A，B，C為已知數

→ 數學解法：X =（10-4）/ 2 = 3
→ 標準式解法： X =（C-B）/ A

→ Visual Basic 語言

∨ 開啟Visual Basic程式，選擇標準執行檔。
∨ 在工作區表單產生物件(CommandButton)一個。
∨ 在工作區表單產生物件(Label)二個。
∨ 在工作區表單產生物件(TextBox)一個。

∨ 工作區在物件Text1按右鍵→複製(C)
∨ 工作區中按右鍵→貼上(P)

→ 有視窗彈出要求是否建立一個控制項陣列→是(Y)

∨ 工作區左上角出現物件Text1(1)本身名稱改Textl1(0)陣列

∨ 工作區中重復按右鍵→貼上(P)，直到Textl1(2)出現

→ Visual Basic 表單物件排列狀況

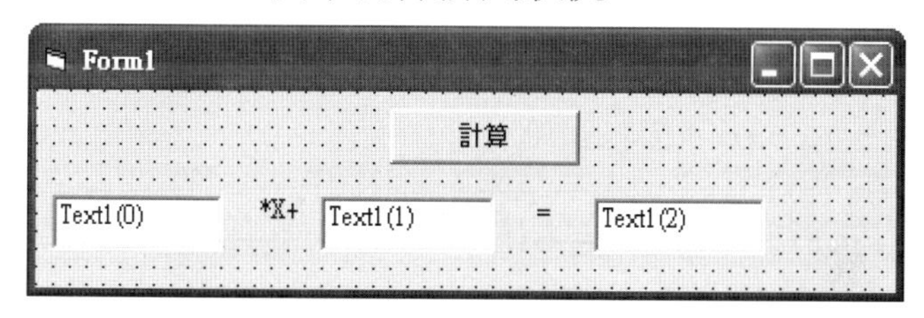

物件名	屬性名	屬性質(改)
Label1	Caption	*X+
Label2	Caption	=
Label1與Label2	Alignment	2-置中對齊
Text1(0)	Text	
Text1(1)	Text	
Text1(2)	Text	
Text1(0)...,Text(2)	Alignment	2-置中對齊
Command1	Caption	計算

→ 在屬性區中更改自己所需要的資料

∨ 程式區Text1中，選取KeyUp程序

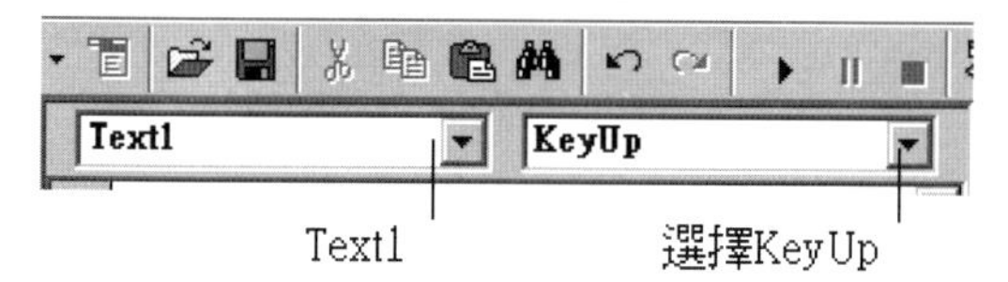

→ Visual Basic 程式碼(檔名：oneone)

```
1.  Dim Numb(2) As Single
                                    '外部浮點陣列變數Numb
2.  Private Sub Command1_Click()
3.  Dim i, X  As Single
4.  Form1.Caption = ""
5.  For i = 0 To 2
6.  If Text1(i).Text = "-" Or Text1(i).Text = "" _
7.  Then Text1(i).Text = 0
8.  Numb(i) = Text1(i).Text
9.  Next

10. If 0 <> Numb(0) Then
11.  X = (Numb(2) - Numb(1)) / Numb(0)     '計算
12.  Form1.Caption = "X  = " & X          ' 顯示X答案
13. Else
14.  Form1.Caption = "X 係數不能 0 "  ' 顯示
15. End If
16. End Sub

17. Private Sub Text1_KeyUp(Index As
Integer, KeyCode As Integer, Shift  As Integer)
' 鍵盤放開程序
18. If (KeyCode = 189 And Len(Text1(Index).Text) = 1)
Then Exit Sub                              '-號
19.If Len(Text1(Index).Text) > 5 Or 57 < KeyCode Or _
   KeyCode < 48 Then Text1(Index).Text = ""
20. End Sub
```

→ Visual Basic 程式碼解析

1 行：係數用變數。
2~16行：計算程序，計算X答案。
17~20行：鍵盤輸入程序，第一個字(-號鍵)、0~9鍵處理。

→ 執行測試：(功能鍵F5)或功能表→執行(R)→開始(S)

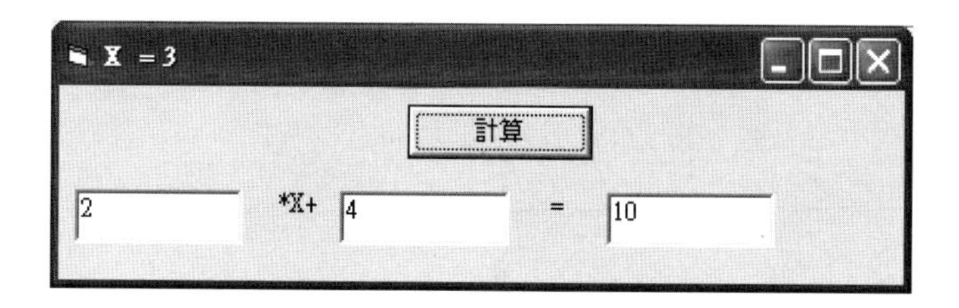

◆ 槓桿原理

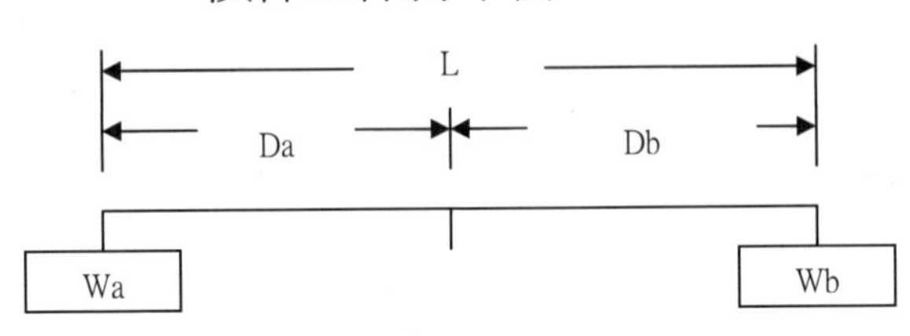

Wa*Da=Wb*Db

Da為A物品至平衡點距離

Db為B物品至平衡點距離

L =Da+Db

- 例題：A物品重5公斤，B物品重15公斤，在槓桿兩端，　整支槓桿長為200公分，求槓桿平衡點位置?

→ 數學解法：Wa=5，Wb=15，L=200=Da+Db，
5*Da=15*Db
Da+Db =200　　Db=200-Da
5*Da=15*(200-Da)　　Da = (15*200) / (5+15)

→ 標準式 : Wa *Da= Wb * Db，L=Da+Db　　Db=L-Da
Wa *Da= Wb *(L -Da)　　Da = (Wb*L) / (Wa+Wb)

→ Visual Basic 語言準備工作

∨ 開啓Visual Basic程式，選擇標準執行檔。
∨ 在工作區表單產生物件(VScrollBar)二個。
∨ 在工作區表單產生物件(Label)二個。

→ Visual Basic 表單物件排列狀況

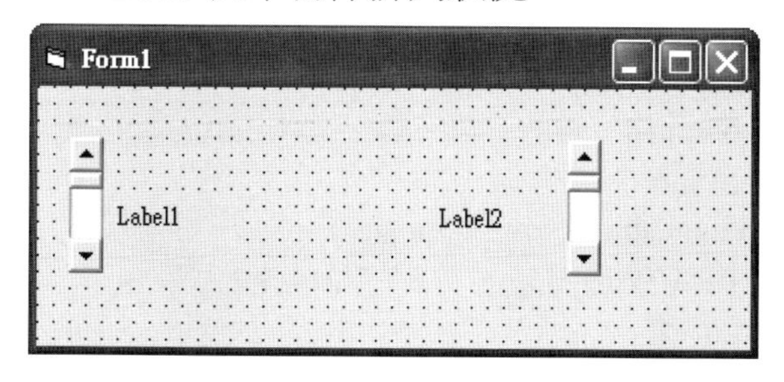

→ 在屬性區中更改自己所需要的資料

物件名	物件名(改)	屬性名	屬性質(改)
Label1	Lblwa		
Label2	Lblwb		
VScroll1	VSrwa	Max	200
VScroll2	VSrwb	Max	200
VScroll1	VSrwa	Min	1
VScroll2	VSrwb	Min	1
Form1	Form1	AutoRedraw	True
Form1	Form1	ScaleMode	3-橡素

→ Visual Basic 程式碼(檔名：leng)

```
1.  Dim Wa, Wb, Da, Db, leng As Integer
2.  Private Sub Form_Load()
3.  VSrwa.Left = 15:  VSrwa.Top = 20          '預設值
4.  VSrwb.Left = 270: VSrwb.Top = 20
5.  Lblwa.Left = 40:  Lblwa.Top = 45
6.  Lblwb.Left = 230: Lblwb.Top = 45
7.  Wa = 1: Wb = 1: leng = 200
8.  Show_m
9.  End Sub
10. Private Sub VSrwa_Change()
11. Wa = VSrwa.Value        ' A物品輸入重量
12. Show_m
13. End Sub
14. Private Sub VSrwb_Change()
15. Wb = VSrwb.Value        ' B物品輸入重量
16. Show_m
17. End Sub
18. Private Sub Show_m()   ' 計算與顯示平衡點位置
19. Cls
20. Lblwa.Caption = Wa & "公斤"
21. Lblwb.Caption = Wb & "公斤"
22. Line (50, 30)-(250, 30)
23. Line (50, 30)-(50, 40)
24. Line (250, 30)-(250, 40)
25. Da = (Wb * 200) / (Wa + Wb)
26. Line (50 + Da, 30)-(50 + Da, 50)
27. Me.CurrentX = 50
28. Me.CurrentY = 15
29. Print Da
30. End Sub
```

→ Visual Basic 程式碼解析

1 行：變數宣告。
2~9行：預設值。
10~13行：A物品輸入重量。
14~17行：B物品輸入重量。
18~30：計算與顯示平衡點位置。

→ 執行測試：(功能鍵F5)或功能表→執行(R)→開始(S)

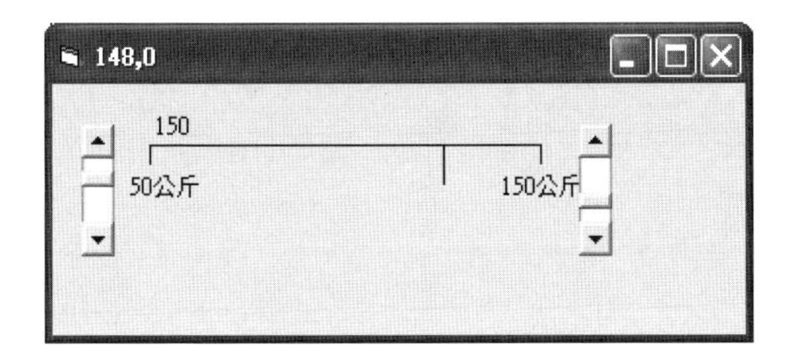

◆ 二元一次方程式

● 例題：二元一次方程式

2 * X + 4 * Y = 20 ---(1式)
4 * X + 2 * Y = 16 ---(2式)
求 X，Y？

→ 數學解法：
→ 2式　4 * X + 2 * Y = 16　　Y= (16 - (4 * X)) / 2
→ 1式　　2 * X + 4 * (16 - (4 * X)) / 2 = 20
→ 2 * X + 2 * (16 - 4 * X) = 20　　X * (2 - 8) = (20 - 32)
→ X = 2　　Y = (16 - (4 * X)) / 2 = (16 - (4 * 2)) / 2 = 4

→ 設變數 a，b，c，n，m，s，X，Y爲(Double)浮點
→ a，b，c，n，m，s爲已知數，X，Y爲未知數

● 用兩個二元一次方程式，求未知數X,Y?

→ 標準式：a * X + b * Y = c ---(1式)
　　　n * X + m * Y = s ---(2式)
2式 → Y = (s - (n * X)) / m
1式 → a * X+ b * (s - (n * X)) / m = c
　　　X = ((c * m) - (b * s)) / ((a*m) - (b*n))

→ Visual Basic 語言準備工作

∨ 開啓Visual Basic程式，選擇標準執行檔。
∨ 在工作區表單產生物件(TextBox)一個。
∨ 在工作區表單產生物件(CommandButton)一個。
∨ 在工作區表單產生物件(Label)四個。

- ∨ 工作區在物件Text1按右鍵→複製(C)
- ∨ 工作區中按右鍵→貼上(P)
- ∨ 有視窗彈出要求是否建立一個控制項陣列→是(Y)
- ∨ 工作區左上角出現物件Text1(1)本身名稱改Text1(0)
- ∨ 工作區中重復按右鍵→貼上(P)，直到Text1(5)出現

→ Visual Basic 表單物件排列狀況

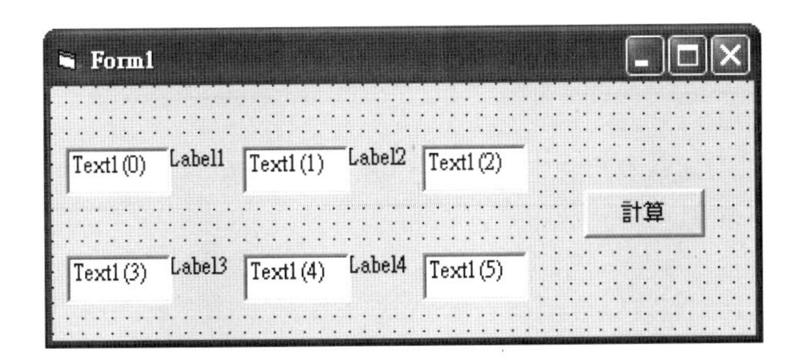

→ 在屬性區中更改自己所需要的資料

物件名	物件名(改)	屬性名	屬性質(改)
Command1	Command1	Caption	計算
Label1	Label1	Caption	*X +
Label2	Label2	Caption	*Y =
Label3	Label3	Caption	*X +
Label4	Label4	Caption	*Y =

→ Visual Basic 程式碼(檔名：twone)

```
1.  Private Sub Form_Load()
2.  For i = 0 To 5
3.  Text1(i).Text = 1
4.  Next
5.  End Sub

6.  Private Sub Text1_KeyUp(Index As Integer,
KeyCode As Integer, Shift As Integer)
7.  Dim Le As Integer
8.  If (KeyCode = 189 And Len(Text1(Index).Text) = 1)
Then Exit Sub '-號
9.  Le = IIf("-" = Left(Text1(Index).Text, 1), 7, 6)
10. If (KeyCode < 48 Or KeyCode > 57) Or
Len(Text1(Index).Text) > Le _
11. Then Text1(Index).Text = ""    ' 0~9鍵
12. End Sub

13. Private Sub Command1_Click()
14. Dim a, b, c, n, m, s, X, Y, Bufa, Bufb As Double
15. For i = 0 To 5
16.  If Text1(i).Text = "" Or Text1(i).Text = "-" _
17.  Then Text1(i).Text = 0
18.  If Text1(i).Text = 0 And 1 >= i Mod 3 Then
19.   Form1.Caption = "無解"
20.   Exit Sub
21.  End If
22. Next
23. a = Text1(0).Text: b = Text1(1).Text
24. c = Text1(2).Text: n = Text1(3).Text
25. m = Text1(4).Text: s = Text1(5).Text
```

```
26. Bufa = (a * m) - (b * n)
27. If Bufa <> 0 Then
28.  Bufb = (c * m) - (b * s)
29.  X = Bufb / Bufa
30.  Y = (s - (n * X)) / m
31.  Form1.Caption = "X=" & X & " ,Y=" & Y
32. Else
33.  Form1.Caption = "無解"
34. End If
35. End Sub
```

→ Visual Basic 程式碼解析

1~5行：預設值。
6~12行：輸入數字。
13~35行：計算與顯示。

→ 執行測試：(功能鍵F5)或功能表→執行(R)→開始(S)

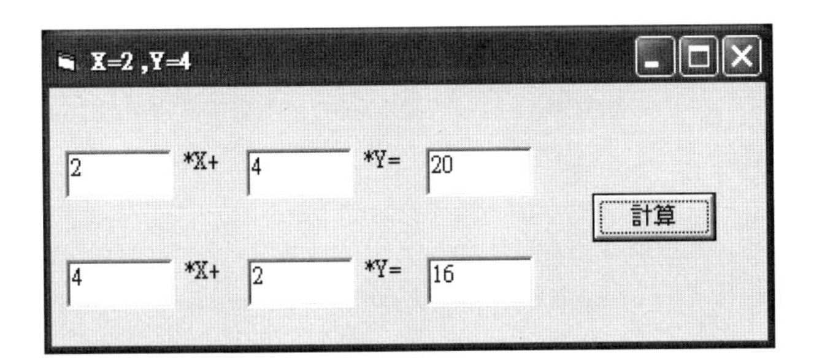

筆記

Visual Basic

第七章
日常生活例題

◆ 電子鐘

● 例題：小毛看了一下電子鐘是13點30分20秒了？

→ 一般式：13：30：20　H : M : S
→ 標準式：Hour : Minute : Second
→ H，M，S 為正整數

→ Visual Basic 語言準備工作

∨ 開啓Visual Basic程式，選擇標準執行檔。
∨ 在工作區表單產生物件(Label)一個。
∨ 在工作區表單產生物件(HScrollBar)一個。
∨ 在工作區表單產生物件(Timer)一個。
∨ 工作區在物件(Label1)按右鍵→複製(C)
∨ 工作區中按右鍵→貼上(P)
∨ 有視窗彈出要求是否建立一個控制項陣列　是(Y)
∨ 工作區左上角出現物件Label1(1)本身名稱改Label1(0)
∨ 工作區中重復按右鍵→貼上(P)，直到Label1(5)出現
∨ 工作區在物件(HScroll1)按右鍵→複製(C)
∨ 工作區中按右鍵→貼上(P)
∨ 有視窗彈出要求是否建立一個控制項陣列→是(Y)
∨ 工作區左上角出現物件HScroll1(1)本身名稱改HScroll1(0)
∨ 工作區中重復按右鍵→貼上(P)，直到HScroll1 (2)出現

→ Visual Basic 表單物件排列狀況

Label1(3)	Label1(4)	Label1(5)
Label1(0)	Label1(1)	Label1(2)
HScroll1(0)	HScroll1(1)	HScroll1(2)

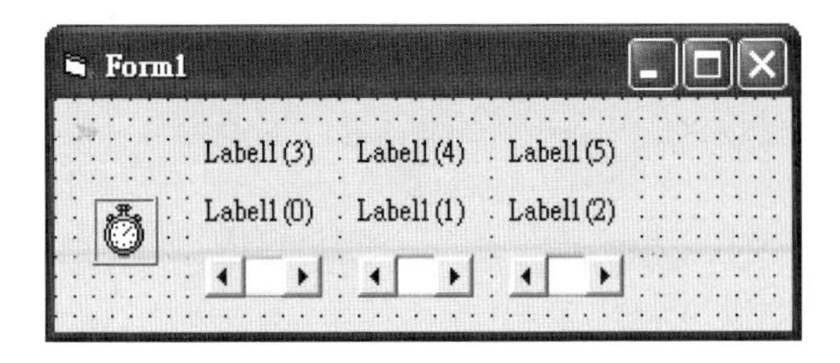

→ 在屬性區中更改自己所需要的資料

物件名	屬性名	屬性質(改)
Label1(0)··· Label1(2)	Caption	0
Label1(3)	Caption	小時
Label1(4)	Caption	分鐘
Label1(5)	Caption	秒
Label(0)...Label(5)	Alignment	2-置中對齊
HScroll1(0)	Max	23
HScroll1(1)	Max	59
HScroll1(2)	Max	59
Timer1	Enabled	True
Timer1	Interval	600

→ Visual Basic 程式碼(檔名：time24)

```
1. Private Sub HScroll1_Change(Index As Integer)   ' 光棒陣列程式
2. Label1(Index).Caption = HScroll1(Index)      '可調動時間
3. End Sub '
```

```
4. Private Sub Timer1_Timer()     ' 計時器
5. Label1(2).Caption = Label1(2).Caption + 1 '  計秒數
6. If Label1(2).Caption >= 60 Then     '
7. Label1(2).Caption = 0          '到60秒歸零
8. Label1(1).Caption = Label1(1).Caption + 1  ' 到60秒變一
   分鐘
9. End If '
10. If Label1(1).Caption >= 60 Then  '
11. Label1(1).Caption = 0     ' 60分鐘歸零
12. Label1(0).Caption = Label1(0).Caption + 1   '到60分變一
    小時
13. End If      '
14. If Label1(0).Caption >= 24 Then   '
15. Label1(0).Caption = 0                          ' 24小時歸零
16. End If     '
17. End Sub '
```

→ Visual Basic 程式碼解析

1~3行：可調時間。
4~17行：計時器。
6~9行：到60秒變一分。
10~13行：到60分鍾變一小時。
14~17行：到24小時歸零。

→ 執行測試：(功能鍵F5)或功能表 執行(R) 開始(S)

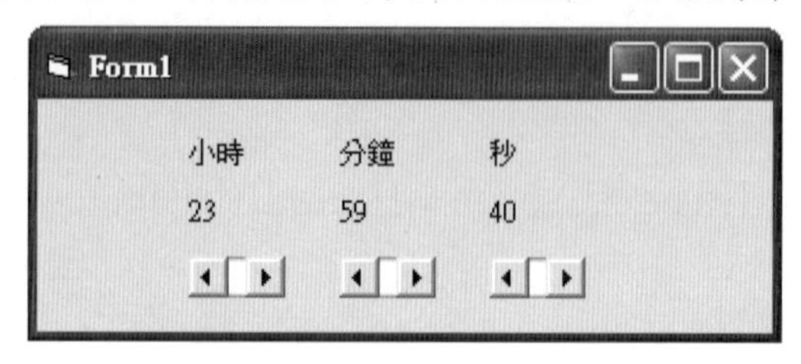

◆ 開獎遊戲

● 例題：簡單的四星彩開獎遊戲。

→ 一般玩法：選四個號碼與電腦搖出四個號碼比對
→ 標準式：選0000~9999數字與電腦選0000~9999對號
→
→ Visual Basic 語言準備工作

∨ 開啓Visual Basic程式，選擇標準執行檔。
∨ 在工作區表單產生物件(CommandBox)一個。
∨ 在工作區表單產生物件(Label)四個。
∨ 在工作區表單產生物件(HScrollBar)一個。

→ 在屬性區中更改自己所需要的資料

物件名	物件名(改)	屬性名	屬性質(改)
HScroll	HScset	Max	9
Label	Lblper	Caption	
Label	Lblcom	Caption	
Label	Lblnum	Caption	選號
Command	Cmdrnd	Caption	電腦開獎:

∨ 工作區在物件(Lblper)按右鍵→複製(C)
∨ 工作區中按右鍵→貼上(P)
→ 有視窗彈出要求是否建立一個控制項陣列→是(Y)
∨ 工作區左上角出現物件Lblper(1)本身名稱改Lblper(0)
∨ 工作區中重複按右鍵→貼上(P)，直到Lblper(3)出現

→ 同上步驟，在物件Lblcom，直到Lblcom(3)出現。
→ 同上步驟，在物件HScset ，直到HScset(3)出現。

→ Visual Basic 表單物件排列狀況

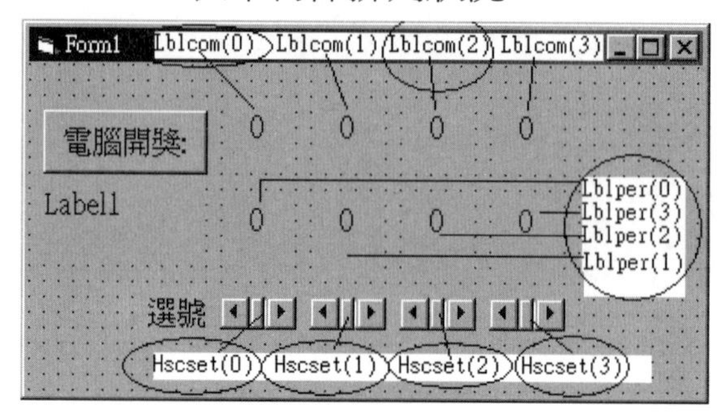

→ Visual Basic 程式碼(檔名：star4)

```
1.  Dim PerNum(3) As Integer          ' 玩家四個號碼
2.  Dim ComNum(3) As Integer          '電腦四個號碼
3.  Private Sub Cmdrnd_Click()        '電腦開號程式
4.  Dim i, Right As Integer           '內部整數變數
5.  Randomize                    '亂碼新數
6.  For i = 0 To 3                    '四位數
7.   ComNum(i) = (Rnd * 7777) Mod 10  '電腦得到號碼
8.   Lblcom(i).Caption = ComNum(i)    '顯示號碼
9.  Next
10. For i = 0 To 3              '測試電腦號碼與玩家號碼
11.  If PerNum(i) = ComNum(i) Then Right = Right + 1
12. Next
13. Label1.Caption = "對中 " & Right & " 號碼"   '顯示
14. End Sub
15. Private Sub HScset_Change(Index As Integer)
16. PerNum(Index) = HScset(Index).Value       '輸入玩家號
碼
17. Lblper(Index).Caption = HScset(Index).Value  '顯示玩家
號碼
18. Label1.Caption = ""                            '清除
19. End Sub
```

→ Visual Basic 程式碼解析

1~2行：宣告變數。
3~14行：電腦開號與對獎。
3~9行：電腦開四個號碼。
10~14行：電腦對獎。
15~19行：玩家輸入四個號碼。

→ 執行測試：(功能鍵F5)或功能表→執行(R)→開始(S)

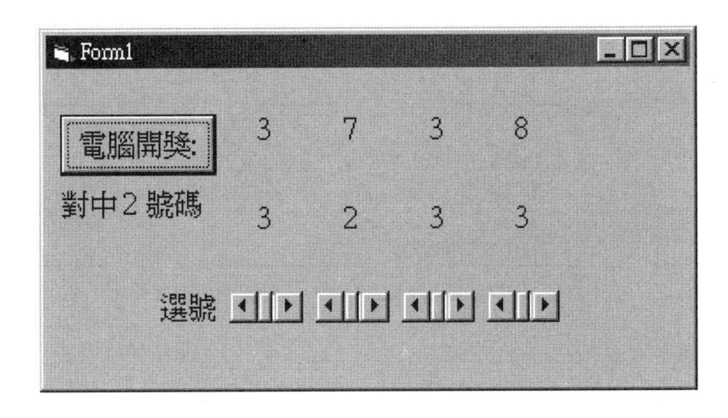

● 控制項Shape的使用

→ Visual Basic 語言準備工作

- ∨ 開啟Visual Basic程式，選擇標準執行檔。
- ∨ 在工作區表單產生物件(Label)一個。
- ∨ 在工作區表單產生物件(HScroll)一個。
- ∨ 在工作區表單產生物件(Shape)一個。

→ 在屬性區中更改自己所需要的資料

物件名	物件名(改)	屬性名	屬性質(改)
HScroll1	HSrset		
Label1	Lblset		
Shape1	Shape1		
Form1		ScaleMode	3-像素

- ∨ 工作區在物件Lblset按右鍵→複製(C)
- ∨ 工作區中按右鍵→貼上(P)
- ∨ 有視窗彈出要求是否建立一個控制項陣列→是(Y)
- ∨ 工作區左上角出現物件Lblset(1)本身名稱改Lblset(0)
- ∨ 工作區中重復按右鍵→貼上(P)，直到Lblset(2)出現

→ 物件HSrset重復上述動做，直到HSrset (2)出現
→ 物件Shape1重復上述動做，直到Shape1(2)出現

→ Visual Basic 表單物件排列狀況

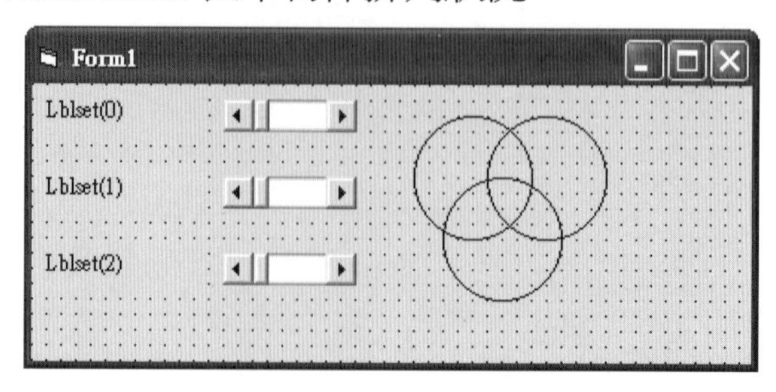

→ Visual Basic 程式碼(檔名：shape)

```
1.  Private Sub Form_Load()
2.  Form1.Caption = "Shape物件"
3.  Shape1(0).Left = 208: Shape1(1).Left = 224: Shape1(2).Left = 248
4.  Shape1(0).Top = 16:  Shape1(1).Top = 48: Shape1(2).Top = 16
5.  HSrset(0).Max = 5:   HSrset(1).Max = 7: HSrset(2).Max = 16
6.  For i = 0 To 2
7.  Shape1(i).Width = 65: Shape1(i).Height = 65
8.  Next
9.  Shape1(0).FillColor = RGB(255, 0, 0)
10. Shape1(1).FillColor = RGB(0, 255, 0)
11. Shape1(2).FillColor = RGB(0, 0, 255)
12. Form1.ScaleMode = 3
13. End Sub
14. Private Sub HSrset_Change(Index As Integer)
15. Select Case Index
16. Case 0:
17. For i = 0 To 2
18. Shape1(i).Shape = HSrset(Index).Value
19. Next
20. Lblset(Index).Caption = "Shape :" & HSrset(Index).Value
21. Case 1:
22. For i = 0 To 2
23. Shape1(i).FillStyle = HSrset(Index).Value
24. Next
25. Lblset(Index).Caption = "FillStyle :" & HSrset(Index).Value
```

```
26. Case 2:
27. For i = 0 To 2
28. Shape1(i).DrawMode = HSrset(Index).Value
29. Next
30. Lblset(Index).Caption = "DrawMode :" &
HSrset(Index).Value
31. End Select
32. End Sub
```

→ Visual Basic 程式碼解析

1~13行：Shape位置、Shape顏色、預設值。
14~32行：得到滑動光棒數據。
14~20行：Shape形狀參數設定。
21~25行：FillStyle參數設定。
26~32行：DrawMode參數設定。

→ 執行測試：(功能鍵F5)或功能表→執行(R)→開始(S)

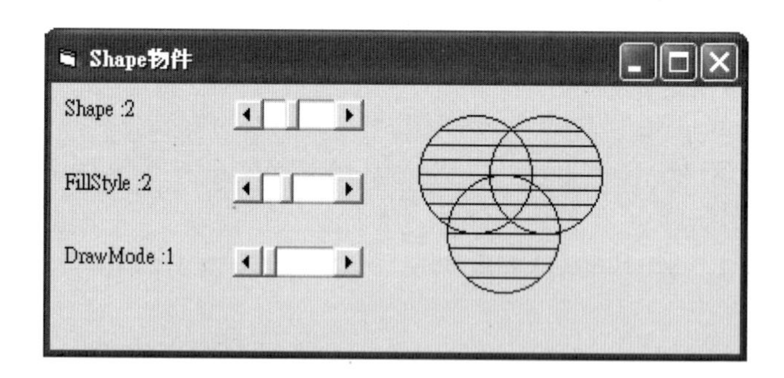

◆ 搬貨遊戲

● 例題：搬貨遊戲，重的物品在下，左搬到右。

→ 遊戲規則=條件=範圍=操作=玩法

→ 重的物品要在下面，將左邊的物品搬到右邊。

■ 流程圖

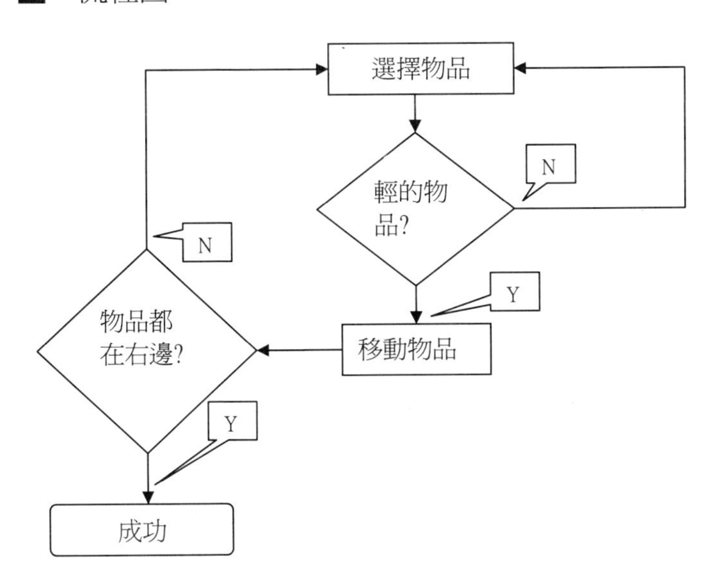

→ Visual Basic 語言

∨ 開啟Visual Basic程式，選擇標準執行檔。
∨ 在工作區表單產生物件(Shape)二個。
∨ 在工作區表單產生物件(CommandButton)一個。

→ 在屬性區中更改自己所需要的資料

物件名	改物件名	屬性名	屬性質改
Shape1	Shpwod	Fillstyle	0-實心
Shape2	Shpmov	Fillstyle	0-實心
Command1	Cmdreset	Caption	重玩

- ∨ 工作區在物件Shpwod按右鍵→複製(C)
- ∨ 工作區中按右鍵→貼上(P)
- ∨ 有視窗彈出要求是否建立一個控制項陣列→是(Y)
- ∨ 工作區左上角出現物件Shpwod(1)本身名稱改Shpwod(0)
- ∨ 工作區中重復按右鍵→貼上(P)，直到Shpwod(2)出現

→ 物件Shpmov重復上述動做，直到Shpmov(3)出現

→ Visual Basic 表單物件排列狀況

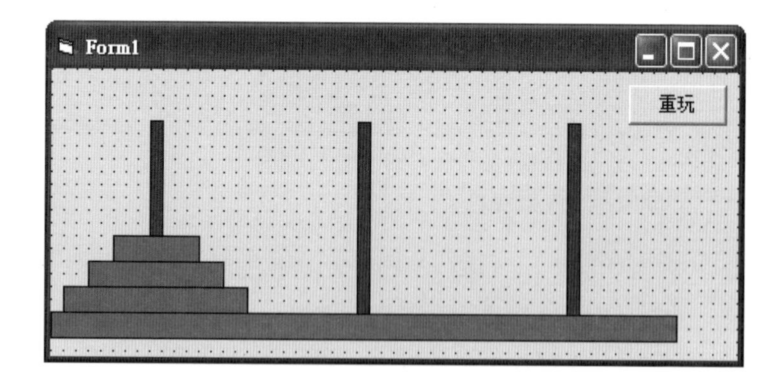

→ Visual Basic 程式碼(檔名：shapmov)

```
1.  Dim Onetime As Boolean        '第一次狀況
2.  Dim Twotime As Boolean        '第二次狀況
3.  Dim Gshap(2, 2) As Integer    '物品位置
4.  Dim Gid(2) As Integer         '物品位置索引
5.  Dim Gone As Integer           '取得第一次位置
6.  Dim Gtwo As Integer           '取得第二次位置
7.  Private Sub Cmdreset_Click()
8.  For i = 0 To 2
9.  For j = 0 To 2
10.  Gshap(i, j) = 0              '資料清空
11. Next
12.  Gid(i) = 0                   '資料清空
13. Next
14. Form_Load
15. End Sub
16. Private Sub Form_Load()
17. Form1.Caption = "右鍵取消左鍵反白"
18. Shpmov(0).Height = 17:  Shpmov(0).Width = 409
19. Shpmov(0).Left = 0:     Shpmov(0).Top = 152
20. For i = 0 To 2
21. Shpmov(i + 1).FillColor = &H808080
22. Shpwod(i).FillColor = &H4080&
23. Shpmov(i + 1).Height = 17: Shpmov(i + 1).Width = 57 +
(i * 32)
24. Shpmov(i + 1).Left = 40 - (i * 16):  Shpmov(i + 1).Top =
104 + (i * 16)
25. Shpwod(i).Height = 121:    Shpwod(i).Width = 9
26. Shpwod(i).Left = 64 + (i * 136):  Shpwod(i).Top = 32
27. Next
```

```
28.  Gshap(0, 0) = 3: Gshap(0, 1) = 2: Gshap(0, 2) = 1  '物品擺放
29.  Gid(0) = 2
30.  End Sub
31.  Private Sub Form_MouseUp(Button As Integer, Shift As Integer,  X As Single, Y As Single)
32.  If Button = 2 Then
33.   Reset_shp
34.   Exit Sub
35.  End If
36.  If Button = 1 And Onetime = False Then
37.  If (X >= 10 And X <= 130) And (Y >= 10 And Y <= 150) Then
38.   Gone = 0
39.   White_Shp
40.  End If

41.  If (X >= 145 And X <= 265) And (Y >= 10 And Y <= 150) Then
42.   Gone = 1
43.   White_Shp
44.  End If
45.  If (X >= 280 And X <= 400) And (Y >= 10 And Y <= 150) Then
46.   Gone = 2
47.   White_Shp
48.  End If
49.  Exit Sub
50.  End If
51.  If Button = 1 And Onetime = True Then
52.  If (X >= 10 And X <= 130) And (Y >= 10 And Y <= 150) Then
53.   Gtwo = 0
```

```
54.   Mov_Shp
55.  End If
56.  If (X >= 145 And X <= 265) And (Y >= 10 And Y <=
150) Then
57.   Gtwo = 1
58.   Mov_Shp
59.  End If
60.  If (X >= 280 And X <= 400) And (Y >= 10 And Y <=
150) Then
61.   Gtwo = 2
62.   Mov_Shp
63.  End If
64.  Exit Sub
65.  End If
66.  End Sub
67.  Private Sub White_Shp()
68.  If Gshap(Gone, Gid(Gone)) <> 0 Then
69.  For i = 0 To 2
70.   Shpmov(i).FillColor = &H808080
71.  Next
72.   Onetime = True
73.   Shpmov(Gshap(Gone, Gid(Gone))).FillColor =
&HC0C0C0
74.  End If
75.  End Sub

76.  Private Sub Mov_Shp()
77.  If Gshap(Gone, Gid(Gone)) < Gshap(Gtwo, Gid(Gtwo))
Or  Gshap(Gtwo, Gid(Gtwo)) = 0 Then
78.   If Gshap(Gtwo, Gid(Gtwo)) = 0 Then
79.    Chang_Shp
80.   Else
81.    Gid(Gtwo) = Gid(Gtwo) + 1
```

```
82.   Chang_Shp
83.  End If
84. End If
85. Show_shp
86. Ok_Shp
87. End Sub
88. Private Sub Ok_Shp()
89. Dim Rshp As Integer
90. For i = 0 To 2
91.  If Gshap(2, i) = 3 - i Then Rshp = Rshp + 1
92. Next
93. If Rshp = 3 Then
94.  Form1.Caption = "成功"
95. Else
96.  Form1.Caption = "右鍵取消左鍵反白"
97. End If
98. End Sub
99. Private Sub Chang_Shp()
100.Gshap(Gtwo, Gid(Gtwo)) = Gshap(Gone, Gid(Gone))
101.Gshap(Gone, Gid(Gone)) = 0
102.Gid(Gone) = Gid(Gone) - 1
103.If Gid(Gone) <= -1 Then Gid(Gone) = 0
104.Reset_shp
105.End Sub
106.Private Sub Show_shp()
107.For i = 0 To 2
108.For j = 0 To 2
109.Select Case Gshap(i, Gid(j))

110.Case 1
111.Shpmov(1).Left = 40 + i * 136
112.Shpmov(1).Top = 136 - (Gid(j) * 16)
113.Case 2
```

```
114.Shpmov(2).Left = 24 + i * 136
115.Shpmov(2).Top = 136 - (Gid(j) * 16)
116.Case 3
117.Shpmov(3).Left = 8 + i * 136
118.Shpmov(3).Top = 136 - (Gid(j) * 16)
119.End Select
120.Next
121.Next
122.End Sub
123.Private Sub Reset_shp()
124.For i = 0 To 2
125. Shpmov(i + 1).FillColor = &H808080
126.Next
127.Onetime = False
128.Twotime = False
129.End Sub
```

→ Visual Basic 程式碼解析

1~6行：宣告變數
7~15行：數據初始值
16~30行：物件的尺寸與擺放的位置
31~66行：滑鼠位置
X在10 ~ 130，Y在10 ~ 150，爲第0區。
X在145~ 265，Y在10 ~150，爲第1區。
X在280 ~ 400，Y在10 ~150，爲第2區。
67~87行：物品反白副程式。
88~98行：物品搬完測試副程式。
99~105行：物品移動副程程式。
106~122行：物品顯示副程程式。
123~129行：物品無反白副程式。

→ 執行測試：(功能鍵F5)或功能表→執行(R)→開始(S)

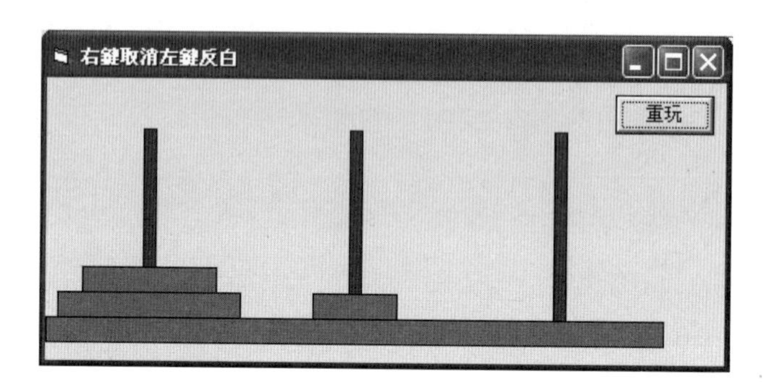

◆ 紅綠燈

● 例題：小毛驢過馬路看不懂紅綠燈教教他？

→ 綠燈25秒後轉黃燈閃三次變紅燈25秒後轉綠燈…
→ 紅燈車停人走，綠燈車走人停。
→
→ Visual Basic 語言準備工作

∨ 開啓Visual Basic程式，選擇標準執行檔。
∨ 在工作區表單產生物件(Label)二個。
∨ 在工作區表單產生物件(Timer)一個。
∨ 在工作區表單產生物件(Shape)二個。

→ 在屬性區中更改自己所需要的資料

物件名	屬性名	屬性質(改)
Shape1,Shape2	FillStyle	0-實心
Shape1,Shape2	Shape	3-圓形
Timer1	Enabled	True
Timer1	Interval	500

- ∨ 工作區在物件Shape1按右鍵→複製(C)
- ∨ 工作區中按右鍵→貼上(P)
- ∨ 有視窗彈出要求是否建立一個控制項陣列→是(Y)
- ∨ 工作區左上角出現物件Shape1(1)本身名稱改Shape1(0)
- ∨ 物件Shape2重復上述動做，直到Shape2 (2)出現

→ Visual Basic 表單物件排列狀況

Shape1(0)	Shape1(1)	Shape1(2)	
			Shape2(0)
			Shape2(1)
			Shape2(2)

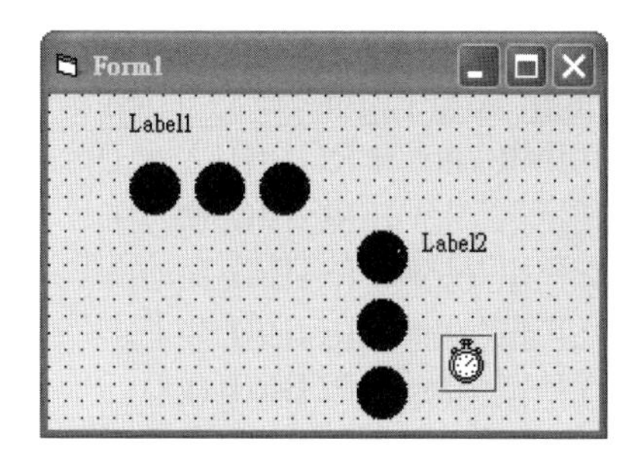

→ Visual Basic 程式碼(檔名：light3)

```
1.  Dim Light As Integer                    '計時器秒數
2.  Dim Lida As Boolean                     '閃黃燈
3.  Private Sub Timer1_Timer()              '每秒程式進入
4.  Light = Light + 1                       ' 計時器秒數a
5.  If 0 <= Light And Light <= 25 Then '0~25秒
6.   Shape1(0).FillColor = RGB(0, 0, 0)        '
7.   Shape1(1).FillColor = RGB(0, 0, 0)        '
```

```
8.   Shape1(2).FillColor = RGB(255, 0, 0)    '紅燈亮R
9.   Shape2(0).FillColor = RGB(0, 255, 0)    '綠燈亮G
10.  Shape2(1).FillColor = RGB(0, 0, 0)      '
11.  Shape2(2).FillColor = RGB(0, 0, 0)      '
12.  Label2.Caption = 25 - Light
13. End If
14. If 26 <= Light And Light <= 29 Then   '26~29秒 閃爍
15.  Shape2(0).FillColor = RGB(0, 0, 0) '
16. If Lida = False Then
17.  Shape2(1).FillColor = RGB(255, 255, 0)  '黃燈亮

18. Else
19.  Shape2(1).FillColor = RGB(0, 0, 0)      '黃燈暗
20. End If
21.  Lida = Not Lida    '黃燈暗亮切換
22. End If
23. If 30 <= Light And Light <= 55 Then      '30~55秒
24.  Shape1(0).FillColor = RGB(0, 255, 0)    ' 綠燈亮G
25.  Shape1(1).FillColor = RGB(0, 0, 0)   '
26.  Shape1(2).FillColor = RGB(0, 0, 0)   '
27.  Shape2(0).FillColor = RGB(0, 0, 0)   '
28.  Shape2(1).FillColor = RGB(0, 0, 0)   '
29.  Shape2(2).FillColor = RGB(255, 0, 0)    ' 紅燈亮R
30.  Label1.Caption = 55 - Light
31. End If
32. If 56 <= Light And Light <= 59 Then      '56~59 閃爍
33.  Shape1(0).FillColor = RGB(0, 0, 0)     '
34. If Lida = False Then
35.  Shape1(1).FillColor = RGB(255, 255, 0) '黃燈亮
36. Else
37.  Shape1(1).FillColor = RGB(0, 0, 0)      '黃燈暗
38. End If
39.  Lida = Not Lida                         '黃燈暗亮切換
```

```
40. End If
41. If Light = 59 Then                    '59秒歸零
42.  Light = 0
43. End If
44. End Sub
```

→ Visual Basic 程式碼解析

1~2行：宣告變數。
3~44行：計時器。
4行：秒數參數。
5~13行：0~25秒，紅燈1組亮，綠燈2組亮，倒數秒數。
14~22行：26~29秒 黃燈2組閃爍。
23~31行：30~55秒，綠燈1組亮，紅燈2組亮，倒數秒數。
32~40行：56~59秒，黃燈1組閃爍。
41~44行：59秒，秒數歸零。

→ 執行測試：(功能鍵F5)或功能表→執行(R)→開始(S)

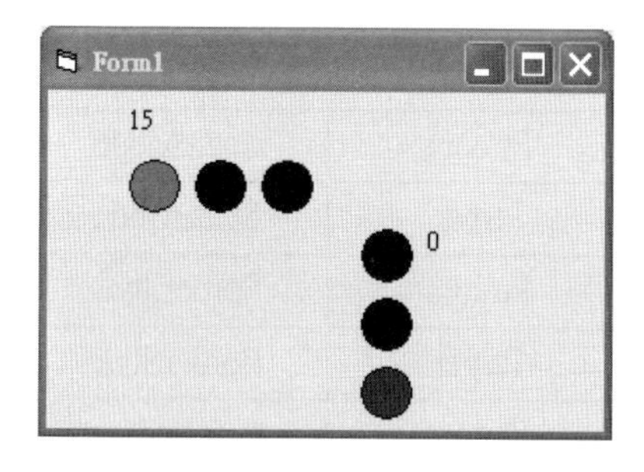

- 簡單的賽車遊戲
- 例題：簡單的賽車遊戲。

→ 一般玩法：一直按跑鈕，車往前跑，直到終點 。

→ Visual Basic 語言準備工作

∨ 開啓Visual Basic程式，選擇標準執行檔。
∨ 在工作區表單產生物件(PictureBox)二個。
∨ 在工作區表單產生物件(Label)四個。
∨ 在工作區表單產生物件(CommandButton)二個。

∨ 在屬性區中更改自己所需要的資料

物件名	物件名(改)	屬性名	屬性質(改)
Label1		Caption	起點
Label2		Caption	終點
Label3		Caption	電腦
Label4		Caption	玩家
Command1	Cmdrun	Caption	跑
Command2	Cmdset	Caption	重玩
Picture1	Ptrcom	ScaleMode	3-像素
Picture2	Ptrper	ScaleMode	3-像素
	Ptrcom	BorderStyle	0-沒有框線
	Ptrper	BorderStyle	0-沒有框線
	Ptrcom	AutoRedraw	True
	Ptrper	AutoRedraw	True
Form1		AutoRedraw	True
Form1		ScaleMode	3-像素

∨ Visual Basic 表單物件排列狀況

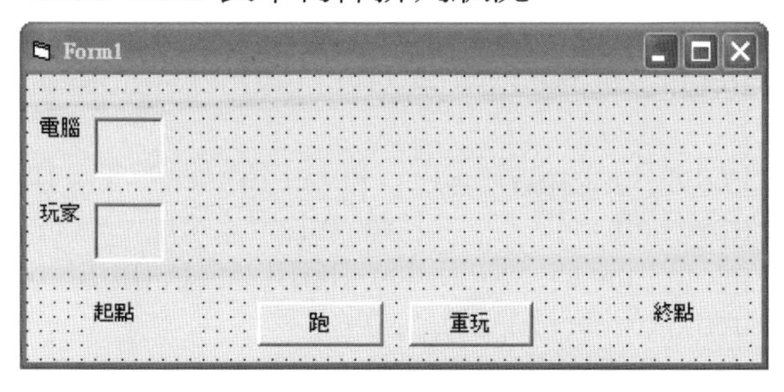

∨ Visual Basic 程式碼(檔名：run)

```
1.  Private Sub Cmdrun_Click()
2.  Dim Cway As Integer
3.  Select Case Cmdrun.Caption
4.  Case "跑"
5.   Cway = ((Rnd * 3333) Mod 3) + 4
6.   Ptrcom.Left = Ptrcom.Left + Cway
7.   If Ptrcom.Left > 355 Then Cmdrun.Caption = "電腦
贏"
8.   Ptrper.Left = Ptrper.Left + 5
9.   If Ptrper.Left > 355 Then Cmdrun.Caption = "玩家贏"
10. Case "電腦贏"
11.  Cmdrun.Enabled = False
12. Case "玩家贏"
13.  Cmdrun.Enabled = False
14. End Select
15. End Sub
16. Private Sub Cmdset_Click()
17. Cmdrun.Enabled = True: Cmdrun.Caption = "跑"
18. Ptrper.Left = 40: Ptrcom.Left = 40
19. End Sub
```

```
20. Private Sub Form_Load()
21. Me.ScaleMode = 3
22. Ptrcom.ScaleMode = 3:      Ptrper.ScaleMode = 3
23. Ptrcom.AutoRedraw = True:   Ptrper.AutoRedraw = True
24. Ptrcom.BorderStyle = 0:    Ptrper.BorderStyle = 0
25. Ptrper.Left = 40:          Ptrcom.Left = 40
26. Ptrcom.Line (5, 5)-(30, 15), RGB(255, 0, 0), BF
27. Ptrcom.Circle (10, 20), 5, 0
28. Ptrcom.Circle (25, 20), 5, 0
29. Ptrper.Line (5, 5)-(30, 15), RGB(0, 0, 255), BF
30. Ptrper.Circle (10, 20), 5, 0
31. Ptrper.Circle (25, 20), 5, 0
32. Me.Line (15, 60)-(400, 60)
33. Me.Line (15, 110)-(400, 110)
34. Me.Line (390, 10)-(390, 110)
35. End Sub
```

∨ Visual Basic 程式碼解析

1~15行：車移動程序。
16~19行：重玩。
20~25行：車初始位置。
26~35行：畫車子。

→ 執行測試：(功能鍵F5)或功能表→執行(R)→開始(S)

Visual Basic

第八章
專業科目

◆ 微分方式程式

● 運算5X^3+6X^2+7X^1的微分是多少?

→ 數學微分運算：(dy / dx) = 15X^2+12X+7
→ 標準式：A *X^(n)+B*X^(n-1)…
→ 微分運算：(dy / dx)= A*n*X^(n-1)+B*(n-1)*X^(n-2)…

→ Visual Basic 語言

∨ 開啓Visual Basic程式，選擇標準執行檔。
∨ 在工作區表單產生物件(Label)三個。
∨ 在工作區表單產生物件(TextBox)一個。
∨ 在工作區表單產生物件(CommandButton)一個。

物件名	物件名(改)	屬性名	屬性質(改)
Text1	TxtNum	Text	0
Label1	Lbltime	Caption	
Label2	Lbldou	Caption	
Label3	Lblrun	Caption	dy/dx
Command1	Cmdrun	Caption	計算

∨ 工作區在物件TxtNum按右鍵→複製(C)
∨ 工作區中按右鍵→貼上(P)
∨ 有視窗彈出要求是否建立一個控制項陣列→是(Y)
∨ 工作區中重復按右鍵→貼上(P)，直到TxtNum(3)出現

→ 物件Lbltime重復上述動做，直到Lbltime(3)出現
→ 物件Lbldou重復上述動做，直到Lbldou(3)出現

→ 在屬性區中更改自己所需要的資料

物件名	物件名(改)	屬性名	屬性質(改)
	Lbltime(3)··· Lbltime(1)	Caption	X+
	Lbltime(0)	Caption	X
	Lbldou(3)	Caption	3
	Lbldou(2)	Caption	2
	Lbldou(1)	Caption	1
	Lbldou(0)	Caption	0

→ Visual Basic 表單物件排列狀況

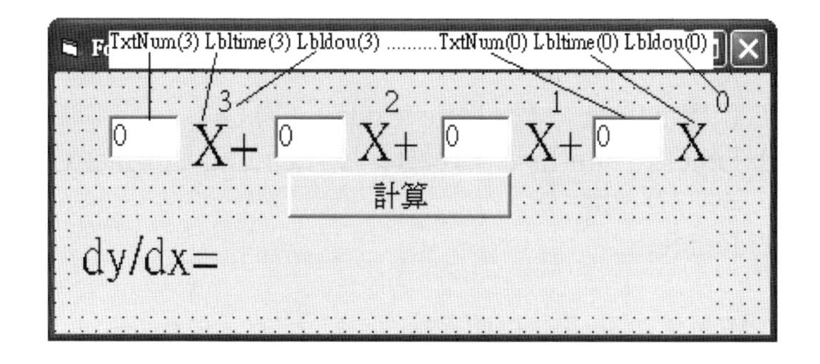

→ Visual Basic 程式碼(檔名：limic)

```
1.  Dim Numsys(3), L As Double
2.  Private Sub Cmdrun_Click()
3.  For L = 0 To 3
4.   If TxtNum(i).Text = "" Or TxtNum(L).Text = "-" Then
5.    TxtNum(L).Text = 0
6.    Numsys(L) = TxtNum(L).Text
7.   Else
8.    Numsys(L) = TxtNum(L).Text
```

```
9.  End If
10. Next
11. Lblrun.Caption = "dy/dx= " & Numsys(3) * 3 & "X^2 + " & _
12. Numsys(2) * 2 & "X^1 + " & Numsys(1) * 1    '計算微分
13. End Sub
14. Private Sub TxtNum_KeyUp(Index As Integer, KeyCode As _
15. Integer, Shift As Integer) ' 按鍵程式
16. Lblrun.Caption = "dy/dx= "
17. If (KeyCode = 189 And Len(TxtNum(Index).Text) = 1) Then Exit Sub '-號
18. L = IIf(Left(TxtNum(Index).Text, 1) = "-", 5, 4) ' 最大長度
19. If (KeyCode < 48 Or KeyCode > 57) Or _
20. Len(TxtNum(Index).Text) > L Then TxtNum(Index).Text = "" ' 0~9鍵
21. End Sub
```

→ Visual Basic 程式碼解析

1行：宣告Numsys(3)變數爲係數。

2~13行：計算微分與顯示。

14~21行：按鍵程序。

16行：清除解答。

17行：第一個字是負號時，離開程序。

18行：有負號時最大長度5，無負號時最大長度4。

19~21行：不是0~9數字就清除。

→ 執行測試：(功能鍵F5)或功能表→執行(R)→開始(S)

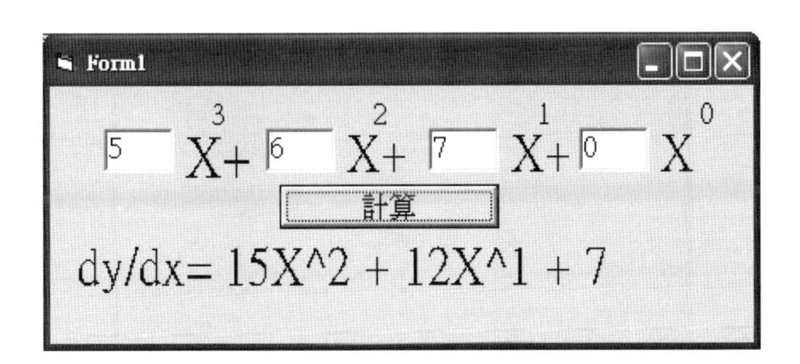

◆ 資金處理

● 例題：中午到了，85元可買何食物吃?

中式：排骨飯50、雞腿飯70、貢丸湯30

西式：炸雞45、薯條35、奶茶25

→ 一般解法：85 - 食物價 > = 0

→ 標準轉換方程式：Mo- fa - fb…>=0，Mo , fa , fb…爲整數

→

→ Visual Basic 語言準備工作

∨ 開啓Visual Basic程式，選擇標準執行檔。

∨ 在工作區表單產生物件(Frame)三個。

∨ 在工作區表單產生物件(HScrollBar)一個。

∨ 在工作區表單產生物件(CommandButton) 一個。

∨ 在工作區表單產生物件(OptionButton)二個。

∨ 在工作區表單產生物件(CheckBox)三個。

∨ 在工作區表單產生物件(Label)三個。

→ Visual Basic 表單物件排列狀況

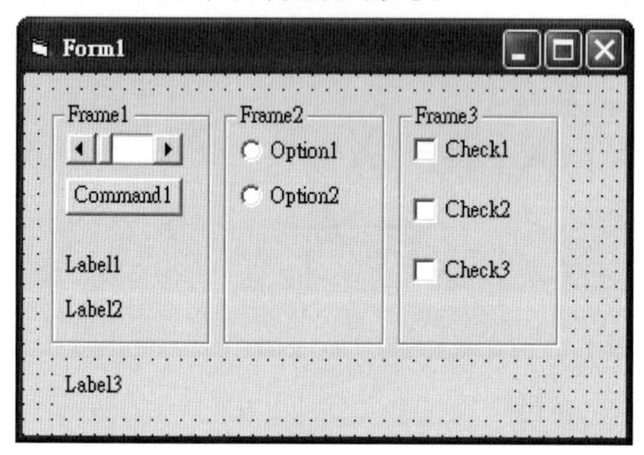

Visual Basic 程式碼(檔名：buyfood)

1. Dim Mo, fa, fb, fc As Integer 'Mo金錢,食物1,食物2,食物3
2. Private Sub Form_Load()
3. Check1.Caption = "排骨飯50": Check2.Caption = "雞腿飯70"
4. Check3.Caption = "貢丸湯30": Label1.Caption = "找零":
5. Option1.Caption = "中式": Option2.Caption = "西式"
6. Frame1.Caption = "金錢": Frame2.Caption = "餐式"
7. Frame3.Caption = "食物": Mo = 60 '初值60元
8. Command1.Caption = Mo & "元結算" '顯示資料
9. End Sub

10. Private Sub Command1_Click() '結算
11. If 0 > Mo - fa - fb - fc Then
12. Label3.Caption = " 超過上限"
13. Else

```
14.  Label2.Caption = Mo - fa - fb - fc        ' 顯示結算資料
15. End If
16. End Sub
17. Private Sub HScroll1_Change()
18. Cls_Lbl
19. Mo = 60 + (HScroll1.Value * 5)
20. Command1.Caption = Mo & "元結算"        '顯示資料
21. If 0 > Mo - fa - fb - fc Then Label3.Caption = " 超過上限
"
22. End Sub

23. Private Sub Option1_Click()            '中式餐類按下
24. Check1.Caption = "排骨飯50"            '顯示中式食物資料
25. Check2.Caption = "雞腿飯70"
26. Check3.Caption = "貢丸湯30"
27. fa = 0: fb = 0: fc = 0                 '食物價歸零
28. Check1.Value = 0                       '食物類取消
29. Check2.Value = 0 '
30. Check3.Value = 0
31. End Sub

32. Private Sub Option2_Click()            '西式餐類按下
33. Check1.Caption = "炸雞45"              '顯示西式食物資料
34. Check2.Caption = "薯條35"
35. Check3.Caption = "奶茶25"
36. fa = 0: fb = 0: fc = 0                 '食物價歸零
37. Check1.Value = 0                       '食物類取消
38. Check2.Value = 0
39. Check3.Value = 0
40. End Sub

41. Private Sub Check1_Click()             '食物類1按下
42. Cls_Lbl                                ' 顯示空白
```

```
43. If Check1.Caption = "排骨飯50" Then fa = 50          '
44. If Check1.Caption = "炸雞45" Then fa = 45           '
45. If Check1.Value = 0 Then fa = 0    '食物價歸零
46. If 0 > Mo - fa - fb - fc Then Label3.Caption = " 超過上限
"
47. End Sub
48. Private Sub Check2_Click()          '食物類2按下
49. Cls_Lbl
50. If Check2.Caption = "雞腿飯70" Then fb = 70
51. If Check2.Caption = "薯條35" Then fb = 35
52. If Check2.Value = 0 Then fb = 0    '食物類2取消
53. If 0 > Mo - fa - fb - fc Then Label3.Caption = " 超過上限
"
54. End Sub
55. Private Sub Check3_Click()          '食物3按下
56. Cls_Lbl
57. If Check3.Caption = "貢丸湯30" Then fc = 30
58. If Check3.Caption = "奶茶25" Then fc = 25
59. If Check3.Value = 0 Then fc = 0    '食物3取消
60. If 0 > Mo - fa - fb - fc Then Label3.Caption = " 超過上限
"
61. End Sub
62. Private Sub Cls_Lbl()
63. Label3.Caption = ""
64. Label2.Caption = ""
65. End Sub
```

→ Visual Basic 程式碼解析

1行：宣告變數Mo金錢，fa食物1，fb食物2，fc食物3。
2~9行：初始值。
10~16行：結算顯示狀況。
17~22行：輸入金錢預算。
23~31行：餐類1中式。
32~40行：餐類2西式。
41~47行：食物類1。
48~54行：食物類2。
55~61行：食物類3。
62~65行：清空文字。

→ 執行測試：(功能鍵F5)或功能表→執行(R)→開始(S)

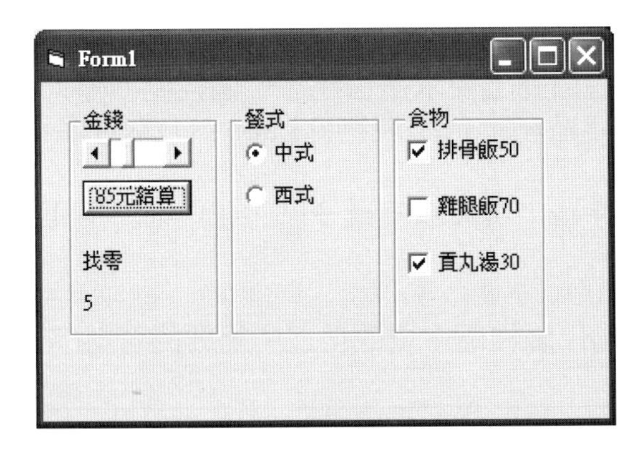

◆ 化學元素表

● 建立化學元素表及提供元素基本資料查尋或更改。

→ Visual Basic 語言準備工作

∨ 開啓Visual Basic程式，選擇標準執行檔。

∨ 在工作區Form1表單產生物件(Label)五個。

物件名	物件名(改)	屬性名	屬性質(改)
Label1	Lblsay	Caption	說明:
Label2	Lbllist	Caption	
Label3	Lblshow	Caption	Label3
Label4	Label4	Caption	鑭係
Label5	Label5	Caption	錒係

∨ 工作區在物件Lbllist按右鍵→複製(C)

∨ 工作區中按右鍵→貼上(P)

∨ 有視窗彈出要求是否建立一個控制項陣列→是(Y)

∨ 工作區左上角出現物件Lbllist (1)本身名稱改Lbllist (0)

∨ 工作區中重復按右鍵→貼上(P)，直到Lbllist (109)出現

→ 在物件屬性區中更改自己所需要的資料(Form1表單)

物件名	物件名(改)	屬性名	屬性質(改)
Label	Lbllist(0)	Caption	001 氫H
Label	Lbllist(0)	Enabled	False

→ Visual Basic功能表→專案(P)→新增表單(F)
→ Form2表單產生

→ Visual Basic功能表→專案(P)→新增模組(M)
→ 模組檔產生

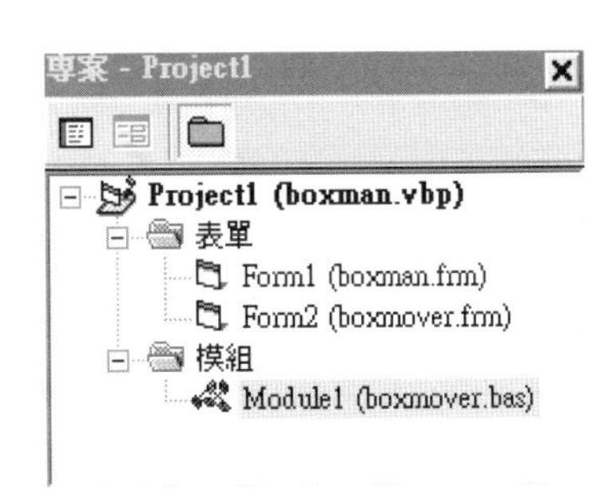

→ Visual Basic Form1表單物件排列狀況

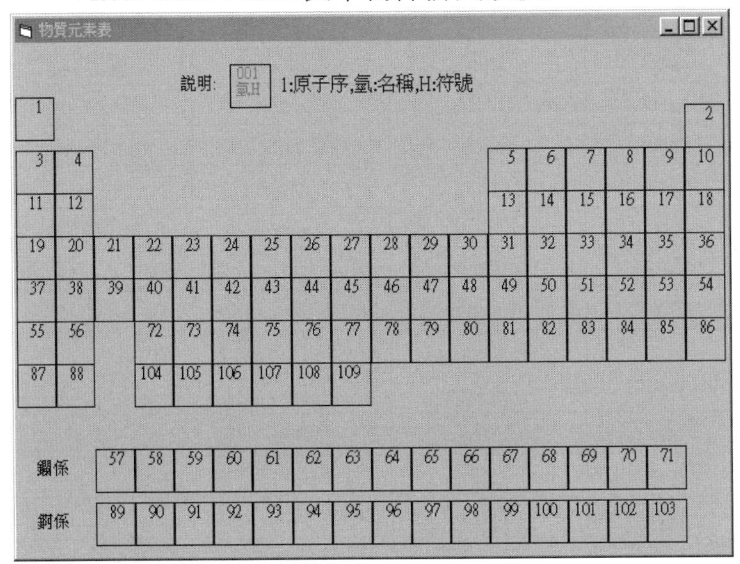

→ 選擇Form2表單

V 在工作區Form2表單產生物件(CommandButton)三個。
V 在工作區Form2表單產生物件(TextBox)十二個。
V 在工作區Form2表單產生物件(Label)十一個。
V 在工作區Form2表單產生物件(HScroll)一個。

→ 在物件屬性區中更改自己所需要的資料(Form2表單)

物件名	改物件名	屬性名	屬性質改
Label	Lblnumber	Caption	原子序:
Label	Lblname	Caption	元素名:
Label	Lblsign	Caption	符號:
Label	Lblweight	Caption	原子量:
Label	LblN	Caption	中子數:
Label	LblP	Caption	質子數:
Label	LblE	Caption	電子數:
Label	Lblrad	Caption	半徑(A):
Label	Lbllow	Caption	冰點(C):
Label	Lblhi	Caption	沸點(C):
Label	Lbltell	Caption	物質說明
Text	Txtnumber	Text	
Text	Txtname	Text	
Text	Txtsign	Text	
Text	Txtweight	Text	
Text	TxtN	Text	
Text	TxtP	Text	
Text	TxtE	Text	
Text	Txtrad	Text	

Text	Txtlow	Text	
Text	Txthi	Text	
Text	TxtnoteA	Text	
Text	TxtnoteB	Text	
Command	Cmdsave	Caption	存檔
Command	Cmdchang	Caption	開啓更改資料
Command	Cmdback	Caption	返回元素表
HScroll	Hscroll1	Max	109
HScroll	Hscroll1	Min	1
Form2	Form2	BorderStyle	0 – 沒有框線

→ Visual Basic Form2表單物件排列狀況

原子序: 001 元素名: 名 符號: XX
原子量: 000 半徑(A): 00000
中子數: 00000 冰點(C): 0
質子數: 00000 沸點(C): 0
電子數: 00000
存檔
開啓更改資料
返回元素表
物質說明
Text1
Text2

→ Form1表單程式碼(檔名：chemis)

```
'----Form1表單程式開始----

1.   Private Sub Load_file()   ' 檔案載入副程式
2.   On Error GoTo goout    '有錯誤到goout處理
3.    Open "filetest" For Input As #1  '開檔模式Input
4.     For i = 1 To 109
5.      Input #1, Matter(i).AtoName   '讀資料input
6.      Input #1, Matter(i).AtoSign
7.      Input #1, Matter(i).Atoweight
8.      Input #1, Matter(i).AtoN
9.      Input #1, Matter(i).AtoP
10.     Input #1, Matter(i).AtoE
11.     Input #1, Matter(i).Atorad
12.     Input #1, Matter(i).AtoTemplow
13.     Input #1, Matter(i).AtoTemphi
14.     Input #1, Matter(i).AtoNoteA
15.     Input #1, Matter(i).AtoNoteB
16.    Next
17.   Close #1              '關檔
18.  goout:                 '執行錯誤處理
19.  End Sub

20.  Private Sub Form_Activate()       '表單活動程
式
21.  For i = 1 To 109
22.   Lbllist(i).Caption = ""
23.   If i <= 9 Then Lbllist(i).Caption = "    " '個位數
空4
24.   If i >= 10 And i <= 99 Then Lbllist(i).Caption = "
" '十位數空2
25.   Lbllist(i).Caption = Lbllist(i).Caption & i & " " &
```

_
26. Matter(i).AtoName & Matter(i).AtoSign '顯示化學元素表
27. Next
28. End Sub
29. Private Sub Form_Load() ' 表單載入程式
30. Load_file ' 執行檔案載入副程式
31. Atoindex = 1 ' 原子序
32. Lbllist(0).Caption = "001 氫H " ' 說明
33. Lbllist(0).Enabled = False
34. Lblshow.Caption = "1: 原子序 , 氫: 名稱 , H: 符號"
35. End Sub

36. Private Sub Lbllist_MouseUp(Index As Integer, Button As Integer, _
37. Shift As Integer, X As Single, Y As Single) ' 滑鼠按下
38. Atoindex = Index ' 原子序=編號
39. Form1.Hide ' 表單Form1隱藏
40. Form2.Show ' 表單Form2顯示
41. End Sub

'----Form1表單程式結束-----

→ Form1表單程式碼解析

1~19行：檔案載入副程式。
20~28行：表單活動程式，顯示化學元素。
29~35行：初始值。

36~41行：元素表程序。

→ Form2表單程式碼(檔名：chemis2)

```
'----Form2表單程式開始----

1.  Private Sub Form_Activate()         ' 表單Form2活動程式
2.  HScroll1.Value = Atoindex           '顯示原子序
3.  Txtnumber.Text = Atoindex           '顯示原子序
4.  Load_data                           '顯示原子相關資料
5.  False_state                         '寫入資料關掉
6.  End Sub

7.  Private Sub HScroll1_Change()       '水平光棒程式
8.  Atoindex = HScroll1.Value           '輸入原子序
9.  Txtnumber.Text = Atoindex           '顯示原子序
10. Load_data                           '顯示原子相關資料
11. False_state                         '寫入資料關掉
12. End Sub

13. Private Sub Txtnumber_KeyUp(KeyCode As Integer,
Shift As Integer)
14. If KeyCode >= 48 And KeyCode <= 57 Then '   0~9鍵
15.  Atoindex = Txtnumber.Text          ' 輸入原子序
16.  If Atoindex <= 109 Then Exit Sub ' 原子序超過1~109
17. End If
18. Atoindex = 1
19. Txtnumber.Text = Atoindex
20. End Sub

21. Private Sub Txtname_Change() ' 改變原子的名稱程式
22. If Len(Txtname.Text) >= 2 Then Txtname.Text = ""
                                    ' 超過2字
```

```
23. End Sub

24. Private Sub Txtsign_Change()    '改變原子的符號程序
25. If Len(Txtsign.Text) >= 3 Then Txtsign.Text = "" '超過3
字
26. End Sub

27. Private Sub Txtweight_KeyUp(KeyCode As Integer, Shift
As Integer)
28. If KeyCode < 48 Or KeyCode > 57 Or _
29. Len(Txtweight.Text) > 7 Then Txtweight.Text = ""
                                          '原子量
30. End Sub

31. Private Sub TxtN_KeyUp(KeyCode As Integer, Shift As
Integer)
32. If KeyCode < 48 Or KeyCode > 57 Or _
33. Len(TxtN.Text) > 7 Then TxtN.Text = ""  '中子數
34. End Sub

35. Private Sub TxtP_KeyUp(KeyCode As Integer, Shift As
Integer)
36. If KeyCode < 48 Or KeyCode > 57 Or _
37. Len(TxtP.Text) > 7 Then TxtP.Text = ""   '質子數
38. End Sub
39. Private Sub TxtE_KeyUp(KeyCode As Integer, Shift As
Integer)
40. If KeyCode < 48 Or KeyCode > 57 Or _
41. Len(TxtE.Text) > 7 Then TxtE.Text = "" '電子數
42. End Sub

43. Private Sub Txtrad_KeyUp(KeyCode As Integer, Shift As
Integer)
```

```
44.. If KeyCode < 48 Or KeyCode > 57 Or _
45.  Len(Txtrad.Text) > 7 Then Txtrad.Text = ""  ' 原子半徑
46.  End Sub

47.  Private Sub Txtlow_KeyUp(KeyCode As Integer, Shift As
Integer) '
48.  If (KeyCode = 189 And Len(Txtlow.Text) = 1) Then Exit
Sub '-號

49.  If (KeyCode < 48 Or KeyCode > 57) Or _
50.  Len(Txtlow.Text) > 7 Then Txtlow.Text = "" '熔點
51.  End Sub

52.  Private Sub Txthi_KeyUp(KeyCode As Integer, Shift As
Integer)
53.  If (KeyCode = 189 And Len(Txthi.Text) = 1) Then Exit
Sub '-號
54.  If (KeyCode < 48 Or KeyCode > 57) Or _
55.  Len(Txthi.Text) > 7 Then Txthi.Text = "" '沸點
56.  End Sub

57.  Private Sub Cmdback_Click()  ' 回元素表按鈕
58.  Form2.Hide: Form1.Show        ' Form2隱藏, Form1顯示
59.  End Sub

60.  Private Sub Cmdchang_Click()
61.  If Cmdchang.Caption = "開啓更改資料" Then
62.   True_state              '開啓更改資料
63.  Else
64.   False_state             '關閉更改資料
65.  End If
66.  End Sub
```

```
67. Private Sub Cmdsave_Click()       '存檔程序
68. Matter(Atoindex).AtoName = Txtname.Text
                                        '輸入原子名稱
69. Matter(Atoindex).AtoSign = Txtsign.Text
                                        '輸入原子符號
70. Matter(Atoindex).Atoweight = Txtweight.Text
                                        '輸入原子量
71. Matter(Atoindex).AtoN = TxtN.Text       '輸入中子數
72. Matter(Atoindex).AtoP = TxtP.Text       '輸入質子數
73. Matter(Atoindex).AtoE = TxtE.Text       '輸入電子數
74. Matter(Atoindex).Atorad = Txtrad.Text  '輸入原子半徑
75. Matter(Atoindex).AtoTemplow = Txtlow.Text  '輸入熔
點
76. Matter(Atoindex).AtoTemphi = Txthi.Text   '輸入沸點
77. Matter(Atoindex).AtoNoteA = TxtnoteA.Text
78. Matter(Atoindex).AtoNoteB = TxtnoteB.Text
79. Dim i As Integer
80. On Error GoTo goout    '有錯誤時到標籤goout處理
81.  Open "filetest" For Output As #1  '開檔模式Output
82.   For i = 1 To 109
83.    Write #1, Matter(i).AtoName     '寫資料Write
84.    Write #1, Matter(i).AtoSign

85. Write #1, Matter(i).Atoweight
86.    Write #1, Matter(i).AtoN
87.    Write #1, Matter(i).AtoP
88.    Write #1, Matter(i).AtoE
89.    Write #1, Matter(i).Atorad
90.    Write #1, Matter(i).AtoTemplow
91.    Write #1, Matter(i).AtoTemphi
92.    Write #1, Matter(i).AtoNoteA
93.    Write #1, Matter(i).AtoNoteB
94.   Next
```

```
95.  Close #1               ' 關檔
96.  goout:                 ' 錯誤處理
97.  End Sub
98.  Private Sub Load_data()       '顯示原子資料副程式
99.  Txtnumber.Text = Atoindex
100. Txtname.Text = Matter(Atoindex).AtoName
101. Txtsign.Text = Matter(Atoindex).AtoSign
102. Txtweight.Text = Matter(Atoindex).Atoweight
103. TxtN.Text = Matter(Atoindex).AtoN
104. TxtP.Text = Matter(Atoindex).AtoP
105. TxtE.Text = Matter(Atoindex).AtoE
106. Txtrad.Text = Matter(Atoindex).Atorad
107. Txtlow.Text = Matter(Atoindex).AtoTemplow
108. Txthi.Text = Matter(Atoindex).AtoTemphi
109. TxtnoteA.Text = Matter(Atoindex).AtoNoteA
110. TxtnoteB.Text = Matter(Atoindex).AtoNoteB
111. End Sub

112. Private Sub False_state()          '關閉更改資料
113. Txtname.Enabled = False:   Txtsign.Enabled = False
114. Txtweight.Enabled = False: TxtN.Enabled = False
115. TxtP.Enabled = False:      TxtE.Enabled = False
116. Txtrad.Enabled = False:    Txtlow.Enabled = False
117. Txthi.Enabled = False:     TxtnoteA.Enabled = False
118. TxtnoteB.Enabled = False:  Cmdsave.Enabled = False
119. Cmdchang.Caption = "開啓更改資料"
120. End Sub
121. Private Sub True_state()           '開啓更改資料
122. Txtname.Enabled = True:   Txtsign.Enabled = True
123. Txtrad.Enabled = True:    Txtlow.Enabled = True
124. Txthi.Enabled = True:     TxtN.Enabled = True
125. TxtP.Enabled = True:      TxtE.Enabled = True
126. Txtweight.Enabled = True: TxtnoteA.Enabled = True
```

```
127. TxtnoteB.Enabled = True:  Cmdsave.Enabled = True
128. Cmdchang.Caption = "關閉更改資料"
129. End Sub

'----Form2表單程式結束-----
```

→ Form2表單程式碼解析

1~6行：Form2初始值與顯示。
7~12行：移動光棒選擇原子序與顯示化學元素。
13~20行：輸入原子序與顯示化學元素。
21~23行：輸入原子名稱。
24~26行：輸入原子符號。
27~30行：輸入原子量。
31~34行：輸入中子數。
35~38行：輸入質子數。
39~42行：輸入電子數。
43~46行：輸入原子半徑。
47~51行：輸入熔點。
52~56行: 輸入沸點。
57~59行：回Form1表單。
60~66行：開啓更改資料。
67~97行：存檔程式。
98~111行：顯示原子資料。
112~120行：關閉物件使用。
121~129行：開啓物件使用。

→ 模組檔案程式碼(檔名：chemis)

```
1.  Public Type Chemist                  '自定型別
2.  AtoN As Single    '中子
3.  AtoP As Single    '質子
```

```
4.  AtoE As Single          '電子
5.  Atorad As Double        '半徑
6.  Atoweight As Double     ' 原子量
7.  AtoTemplow As Single    '熔點
8.  AtoTemphi As Single     '沸點
9.  AtoNoteA As String      '說明
10. AtoNoteB As String      '說明
11. AtoName As String       '名稱
12. AtoSign As String       '符號
13. AtoNumber As Integer    '原子序
14. End Type

15. Public Matter(109) As Chemist    ' Matter爲自定型
別Chemist變數
16. Public Atoindex As Integer       ' 整數
17. Public Wordindex As Integer      '整數
18. Public OneWord As Boolean        '布林
```

→ 模組檔案程式碼解析

1~14行：宣告自定型別Chemist。

15行：宣告Matter爲自定型別Chemist變數。

16行：宣告Atoindex整數變數。

17行：宣告Wordindex整數變數。

18行：宣告OneWord 布林變數。

→ 執行測試：(功能鍵F5)或功能表→執行(R)→開始(S)

◆ 樂透電腦軟體

● 樂透彩38選5的程式，可電腦選號300組或自選號300組，可模擬開獎與對號。

→ 遊戲規則=條件=範圍=操作=玩法

→ 從數字1~38數字亂碼產生5個數字與玩家選的5個數字，模擬開獎與對號，數字超過3個一樣以上，就中獎，可選300組的5個數字。

■ 流程圖

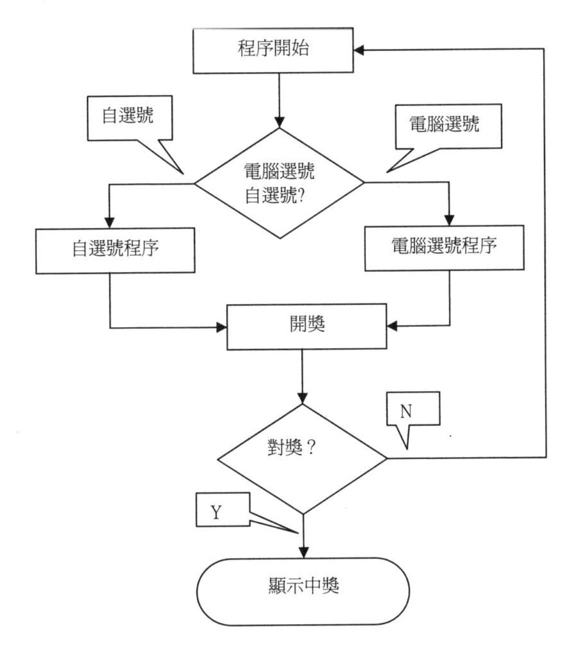

→ Visual Basic 語言準備工作

∨ 開啓Visual Basic程式，選擇標準執行檔。
∨ 在工作區表單產生物件(Label)五個。
∨ 在工作區表單產生物件(CommandButton)三個。
∨ 在工作區表單產生物件(TextBox)一個。

∨ 在工作區表單產生物件(HScrollBar)一個。
∨ 在工作區表單產生物件(OptionButton)二個。
∨ 在屬性區中更改自己所需要的資料

物件名	改物件名	屬性名	屬性質改
Label	Lblrnd	Caption	
Label	Lblset	Caption	
Label	Lblshow	Caption	星
Label	Lblper	Caption	張
Label	Lbltime	Caption	號
Command1	Cmdok	Caption	確定
Command2	Cmdrnd	Caption	開號
Command3	Cmdnext	Caption	下一張
Option	Optper	Caption	自選號
Option	Optcom	Caption	電腦選號
HScroll	HSrtime	Max	300
Text	Txtshow		
Label	Lblset	Font	字大小18
Label	Lblrnd	Font	字大小20

∨ 工作區在物件名Lblrnd按滑鼠右鍵→複製(C)
∨ 工作區中按右鍵→貼上(P)
∨ 有視窗彈出要求是否建立一個控制項陣列→是(Y)
∨ 工作區左上角出現物件Lblrnd (1)本身名稱改Lblrnd (0)
∨ 工作區中重復按右鍵→貼上(P)，直到Lblrnd (4)出現
∨ 物件Lblset重復上述動做，直到Lblset (37)出現

→ Visual Basic 表單物件排列狀況

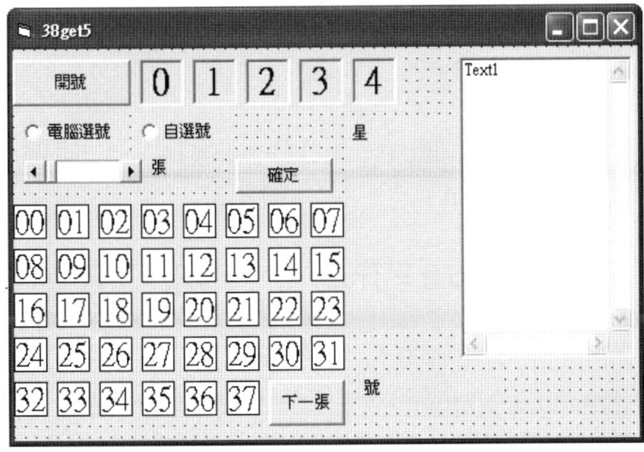

→ Visual Basic 程式碼(檔名：385loto1)

```
1.    Dim Nbrnd(37) As Integer          ' 1~38數字
2.    Dim Nbopen(4) As Integer          ' 五個開號數字
3.    Dim Nbper(300, 4) As Integer      ' 300組選號
4.    Dim Nbright(300) As Integer       ' 中星
5.    Dim Nbindex As Integer            ' 選號索引
6.    Dim Nbmany As Integer             ' 張數索引

7.    Private Sub Form_Load()
8.    For i = 0 To 37                   '
9.     Nbrnd(i) = i + 1                 ' 產生1~38數字
10.    Lblset(i).Caption = i + 1        ' 顯示1~38數字
11.   Next
12.   Optper.Value = True               ' 自選號
13.   Cmdrnd_Click                      ' 執行開號副程式
14.   End Sub
15.   Private Sub Cmdrnd_Click()  ' 開號程序
16.   Nb_Rnd                  ' 執行產生亂碼數字副程式
17.   For i = 0 To 4
18.    Nbopen(i) = Nbrnd(i)          ' 五個開號數字
19.    Lblrnd(i).Caption = Nbopen(i)   ' 顯示五個開號數字
20.   Next
```

```
21.  Nb_right                      '執行對號副程式
22.  End Sub

23.  Private Sub Cmdnext_Click()   '選擇下一張副程式
24.  Lbltime.Caption = ""          '清除
25.  For i = 0 To 37
26.   Lblset(i).Enabled = True     '可選1~38數字
27.  Next
28.  If Nbmany < 300 Then
29.   Nbmany = Nbmany + 1
30.   HSrtime.Value = Nbmany
31.   Lblper.Caption = HSrtime.Value + 1 & "張"
32.  Else
33.   Nbmany = 300                 '超過300張還是300張
34.  End If
35.  End Sub

36.  Private Sub Cmdok_Click()     '電腦選號
37.  Reset_nbper                   '清空
38.  Rnd_per                       '執行電腦選號副程式
39.  Show_per                      '顯示選號副程式
40.  End Sub

41.  Private Sub HSrtime_Change()  '滑動光棒程序
42.  Lblper.Caption = HSrtime.Value + 1 & "張"
43.  Nbmany = HSrtime.Value
44.  Nbindex = 0
45.  Lbltime.Caption = ""
46.  Cmdnext.Enabled = False

47.  For i = 0 To 37
48.   Lblset(i).Enabled = True
49.  Next
```

```
50.    End Sub

51.    Private Sub Lblset_Click(Index As Integer)    ' 1~38選
數字
52.    If Nbindex <= 4 Then
53.     HSrtime.Enabled = False
54.     Cmdnext.Enabled = False
55.    For i = 0 To 4
56.    If Nbper(Nbmany, i) = Index + 1 Then Exit Sub
57.    Next
58.    Nbper(Nbmany, Nbindex) = Index + 1
59.    Lbltime.Caption = Lbltime.Caption &  Nbper(Nbmany,
Nbindex) & ","
60.    Nbindex = Nbindex + 1
61.    End If
62.    If Nbindex >= 5 Then        ' 己選5個數字
63.     HSrtime.Enabled = True
64.     Cmdnext.Enabled = True
65.     Nbindex = 0
66.     Show_per
67.    For i = 0 To 37
68.     Lblset(i).Enabled = False
69.    Next
70.    Lbltime.Caption = " 按下一張"
71.    End If
72.    End Sub
73.    Private Sub Optcom_Click()    ' 電腦選號
74.    For i = 0 To 37
75.     Lblset(i).Visible = False
76.    Next
77.    Cmdok.Visible = True
78.    HSrtime.Enabled = True
79.    Cmdnext.Visible = False
```

```
80.  Reset_Opt
81.  End Sub

82.  Private Sub Optper_Click()    '自選號
83.  For i = 0 To 37
84.   Lblset(i).Visible = True
85.   Lblset(i).Enabled = True
86.  Next
87.  Cmdnext.Enabled = True
88.  Cmdnext.Visible = True
89.  Cmdok.Visible = False
90.  Reset_Opt
91.  End Sub
92.  Private Sub Reset_Opt()        '選擇重置
93.  Lbltime.Caption = ""
94.  Txtshow.Text = ""
95.  Reset_nbper
96.  Nbmany = 0:   Nbindex = 0
97.  HSrtime.Value = Nbmany
98.  Lblper.Caption = HSrtime.Value + 1 & "張"
99.  End Sub

100. Private Sub Nb_right()          '對號副程式
101. For k = 0 To 300  '
102.  Nbright(k) = 0
103. For i = 0 To 4
104. For j = 0 To 4
105.  If Nbper(k, i) = Nbopen(j) Then
106.   Nbright(k) = Nbright(k) + 1
107.  End If
108. Next
109. Next
110. Next
```

```
111.  Lblshow.Caption = ""
112.  For k = 0 To 300 '
113.   If Nbright(k) >= 3 Then
114.   Lblshow.Caption = Lblshow.Caption & "第" _
115.   & k + 1 & "張中" & Nbright(k)

116.  Lblshow.Caption = Lblshow.Caption & "星"
      +  Chr$(13) + Chr$(10)
117.  End If
118.  Next
119.  End Sub

120.  Private Sub Show_per()        ' 顯示副程式
121.  Txtshow.Text = ""
122.  Dim blb As Boolean
123.  For i = 0 To 300
124.   DoEvents
125.   blb = False
126.  For j = 0 To 4
127.   If Nbper(i, j) = 0 Then blb = True
128.  Next
129.  If blb = False Then
130.  Txtshow.Text = Txtshow.Text & "第" & i + 1 & "張 "
131.  For j = 0 To 4
132.   Txtshow.Text = Txtshow.Text & Nbper(i, j) & ","
133.  Next
134.   Txtshow.Text = Txtshow.Text + Chr$(13) + Chr$(10)
135.  End If
136.  Next
137.  End Sub
138.  Private Sub Reset_nbper()     ' 數字清除副程式
139.  For i = 0 To 300
140.  For j = 0 To 4
```

```
141.   Nbper(i, j) = 0
142.  Next
143.  Next
144.  End Sub
145.  Private Sub Nb_Rnd()       '亂碼數字副程式
146.  Randomize
147.  For n = 0 To 37
148.  For i = 0 To 1

149.   ix = (Rnd * 32377) Mod 38
150.   iy = Nbrnd(ix)
151.   Nbrnd(ix) = Nbrnd(n)
152.   Nbrnd(n) = iy
153.  Next
154.  Next
155.  End Sub

156.  Private Sub Rnd_per()     '電腦選號副程式
157.  For k = 0 To Nbmany '
158.   Nb_Rnd
159.  For i = 0 To 4
160.   Nbper(k, i) = Nbrnd(i)
161.  Next
162.  Next
163.  End Sub
```

→ Visual Basic 程式碼解析

1~6行：宣告變數。
7~14行：產生1~38數字。
15~22行：開號程序。
23~35行：下一張選擇程序。
36~40行：玩家設定幾張，電腦選數字。

41~50行：滑動光棒程序。
51~72行：自選5個數字。
73~81行：電腦選號玩法。
82~91行：自選號玩法。
92~99行：選擇重置程序。
100~119行：對號副程式。
120~137行：顯示副程式。
138~144行：數字清除副程式。
145~155行：亂碼數字副程式。
156~163行：電腦選號副程式。

→ 執行測試：(功能鍵F5)或功能表→執行(R)→開始(S)

筆記

VISUAL BASIC

第九章
遊戲程式精選

● 遊戲名稱：黑白指上下左右拳。

→ 遊戲規則=條件=範圍=操作=玩法
→ 互相猜剪刀石頭布拳，贏方的先用手指在對方臉前方約15公分，一起互動，指上下左右其中一個方向，若對方的頭方向與自己指的方向一樣，就要連續喊對二次就算贏，若對方的頭與自己指的方向不一樣，換對方喊拳。

■ 流程圖

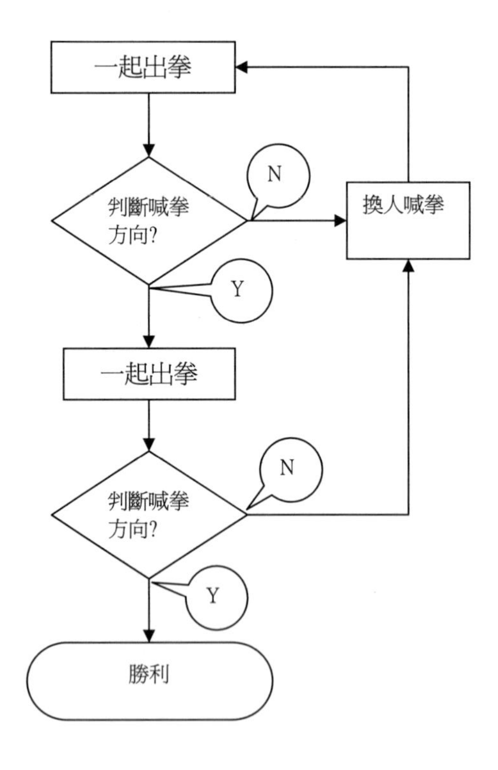

→ Visual Basic 語言準備工作

∨ 開啓Visual Basic程式，選擇標準執行檔。
∨ 在工作區表單產生物件(Label)三個。
∨ 在工作區表單產生物件(CommandButton)一個。

∨ 工作區在物件Command1按右鍵→複製(C)
∨ 工作區中按右鍵→貼上(P)
∨ 建立一個控制項陣列，直到Command1(3)出現

→ 在屬性區中更改自己所需要的資料

物件名	物件名(改)	屬性名	屬性質(改)
Command1(0)		Caption	上
Command1(1)		Caption	右
Command1(2)		Caption	下
Command1(3)		Caption	左
Label1	Lblcom	Caption	Label1
Label2	Lblper	Caption	Label2
Label3	Lblshow	Caption	黑白拳開始

→ Visual Basic 表單物件排列狀況

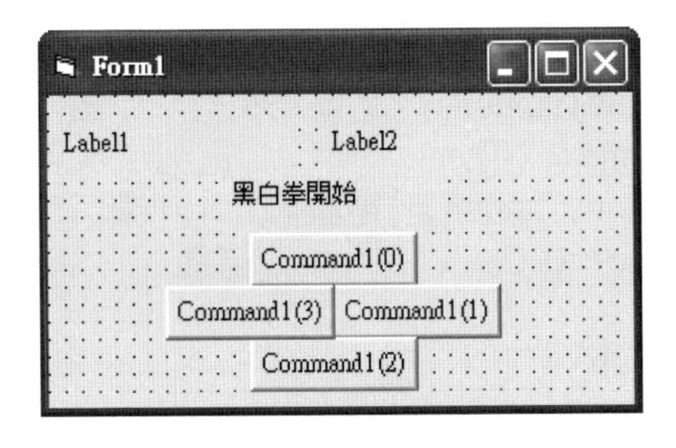

→ Visual Basic 程式碼(檔名：bwh)

```
1.  Dim Perp As Integer           '玩家手指方向
2.  Dim Comp As Integer           '電腦手指方向
3.  Dim Wi As Integer             '喊拳者
4.  Dim Wtime As Integer          '喊對次數

5.  Private Sub Command1_Click(Index As Integer)
6.  Lblshow.Caption = ""
7.  Randomize                     '亂碼新種
8.  Comp = (Rnd * 3000) Mod 4
9.  If Wi = 1 Then                '顯示玩家與電腦喊拳方向
10.  Lblcom.Caption = "電腦喊拳向：" &
    Command1(Comp).Caption
11.  Lblper.Caption = "玩家向 ：" & Command1(Index).
    Caption
12. Else                          '顯示玩家喊拳與電腦方向
13.  Lblper.Caption = "玩家喊拳向 ：" &
    Command1(Index).Caption
14.  Lblcom.Caption = "電腦向：" & Command1(Comp).
    Caption
15. End If
16. If Comp = Index And Wi = 1 Then '電腦喊拳方向測試
17.  Wtime = Wtime + 1            '電腦一次對
18.  Lblshow.Caption = "電腦一次對"   ' 顯示電腦一次對
19.  If Wtime = 2 Then            '電腦二次對
20.   Lblshow.Caption = "電腦贏"     ' 顯示電腦贏
21.   Wtime = 0                   ' 歸零
22.  End If
23.  Exit Sub
24. End If
25. If Comp = Index And Wi = 0 Then '玩家喊拳方向測試
```

```
26.  Wtime = Wtime + 1                '玩家一次對
27.  Lblshow.Caption = "玩家一次對"   ' 顯示玩家一次對
28.  If Wtime = 2 Then               '玩家二次對
29.   Lblshow.Caption = "玩家贏"      ' 顯示玩家贏
30.   Wtime = 0
31.  End If
32.  Exit Sub
33. End If
34. Wi = (Wi + 1) Mod 2              '換喊拳者
35. Wtime = 0                        ' 歸零
36. End Sub
```

→ Visual Basic 程式碼解析

1~4行：宣告變數。
5~36行：玩家與電腦方向程序。
8行：電腦方向。
9~15行：顯示玩家與電腦方向。
16~24行：電腦喊拳方向與玩家是否一樣。
25~33行：玩家喊拳方向與電腦是否一樣。
34行：換玩家喊拳。

→ 執行測試：(功能鍵F5)或功能表→執行(R)→開始(S)

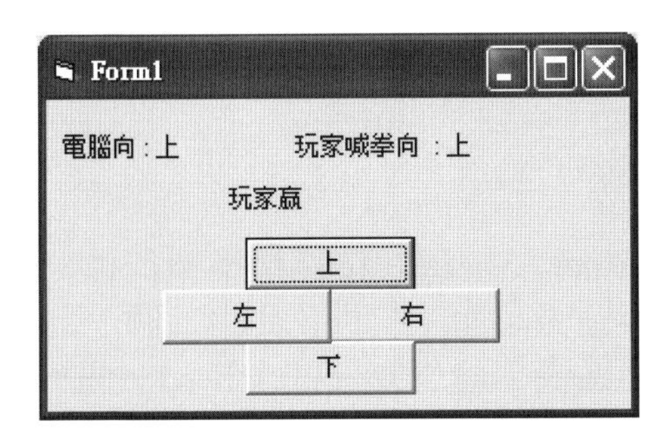

● 遊戲名稱：四位數，數字猜測。

→ 遊戲規則=條件=範圍=操作=玩法

→ 玩家輸入任何一個四位數，電腦會分析數字的正確與否，一個數字對及位置對時，會顯示1A0B。一個數字對而位置不對時，會顯示0A1B。一個數字不對及位置不對時，會顯示0A0B。…若全部四位數位置及數字都對，會顯示4A0B。

■ 流程圖

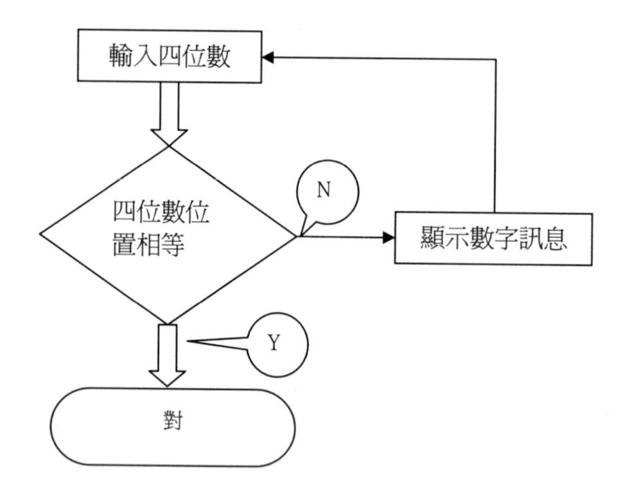

→ Visual Basic 語言

∨ 開啓Visual Basic程式選擇標準執行檔
∨ 在工作區表單產生物件(Label)二個。
∨ 在工作區表單產生物件(TextBox)一個。

∨ 在工作區表單產生物件(HScrollBar)一個。
∨ 在工作區表單產生物件(CommandButton)二個。

物件名	物件名(改)	屬性名	屬性質(改)
Command1	Cmdplay	Caption	Play
Command2	Cmdreset	Caption	Reset
Label1		Caption	選擇數字
Label2	Lblnum	Caption	
HScroll1	HSrnum	Max	9
Text1	Txtshow	ScrollBars	2-垂直捲軸
Text1	Txtshow	MultiLine	True

∨ 工作區在物件Lblnum按右鍵→複製(C)
∨ 工作區中按右鍵→貼上(P)
∨ 有視窗彈出要求是否建立一個控制項陣列→是(Y)
∨ 工作區左上角出現物件Lblnum(1)本身名稱改Lblnum(0)
∨ 工作區中重復按右鍵→貼上(P)，直到Lblnum(3)出現

→ 在物件HSrnum重複上述動作，直到HSrnum(3)出現

→ Visual Basic 表單物件排列狀況

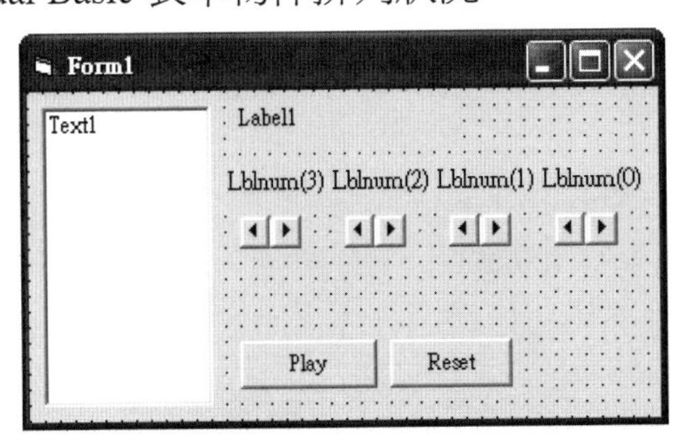

→ Visual Basic 程式碼(檔名：num4b)

```
1.  Dim ComNum(3) As Integer        '電腦四位數
2.  Dim PerNum(3) As Integer        '玩家四位數
3.  Dim YesA(3) As Boolean          '數字對位置對的標籤
4.  Dim YesB(3) As Boolean          '數字對位置不對的標
籤
5.  Dim RightA As Integer           '數字對位置對的數量
6.  Dim RightB As Integer           '數字對位置不對的數
量

7.  Private Sub Cmdplay_Click()     '玩家執行
8.  Test_num                        '執行測試數值副程式
9.  For i = 0 To 3
10.  Txtshow.Text = Txtshow.Text & PerNum(i)   '顯示資料
11. Next
12. Txtshow.Text = Txtshow.Text & ":" & RightA & _
13. " A " &  RightB & " B" + Chr(10)      '顯示資料
14. If RightA = 4 Then              '四位數位置對
15.  Cmdplay.Enabled = False
16.  Txtshow.Text = "對 :"
17.  For i = 0 To 3
18.   Txtshow.Text = Txtshow.Text & ComNum(i)
19.  Next                           '顯示資料
20. End If
21. End Sub

22. Private Sub Test_num()          '測試數值副程式
23. Dim i, j As Integer
24. RightA = 0:    RightB = 0       '歸零
25. For i = 0 To 3
26.  YesA(i) = False: YesB(i) = False '歸零
```

```
27. Next
28. For i = 0 To 3
29.  If PerNum(i) = ComNum(i) Then
30.   RightA = RightA + 1    '數字對位置對增加數量

31.   YesA(i) = True      '數字對位置對的標籤成立
32.   YesB(i) = True      '數字對位置不對的標籤成立
33.  End If
34. Next
35. For i = 0 To 3
36.  For j = 0 To 3
37.   If (YesA(i) = False And YesB(j) = False) And _
38.   PerNum(i) = ComNum(j) Then  '
39.    RightB = RightB + 1    '數字對位置不對增加數量
40.    YesA(i) = True       '數字對位置對的標籤成立
41.    YesB(j) = True       '數字對位置不對的標籤成立
42.   End If
43.  Next
44. Next
45. End Sub

46. Private Sub Cmdreset_Click()
47. Cmdplay.Enabled = True        '顯示資料
48. Dim i As Integer
49. Randomize                  '亂碼新種
50. For i = 0 To 3
51.  ComNum(i) = (Rnd * 7777) Mod 10   '取得電腦四位數
52. Next
53. Txtshow.Text = ""              '重玩
54. End Sub

55. Private Sub Form_Load()
56. Cmdreset_Click
```

```
57. End Sub

58. Private Sub HSrnum_Change(Index As Integer)
59. PerNum(Index) = HSrnum(Index).Value
60. Lblnum(Index).Caption = PerNum(Index)
61. End Sub
```

→ Visual Basic 程式碼解析

1~6行：宣告變數。
7~21行：玩家執行程序。
22~45行：測試數值與顯示狀況副程式。
46~54行：重玩程序。
55~57行：預設程序。
58~61行：玩家輸入數字。

→ 執行測試：(功能鍵F5)或功能表→執行(R)→開始(S)

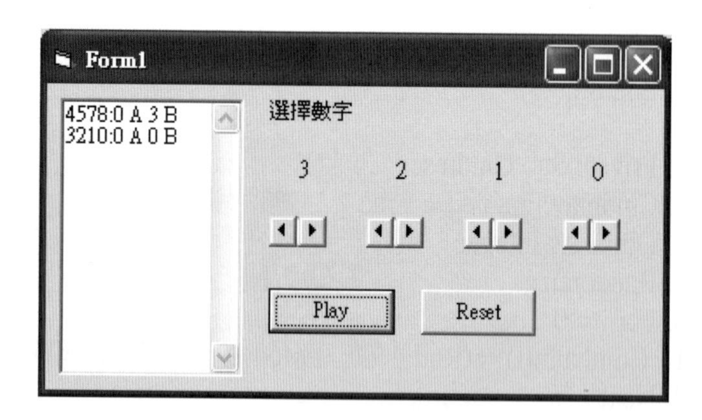

● 遊戲名稱：猜0~100之間一個數字。

→ 遊戲規則=條件=範圍=操作=玩法

→ 玩家猜0~100之間一個數字，顯示越近數值，直到猜中。

■ 流程圖

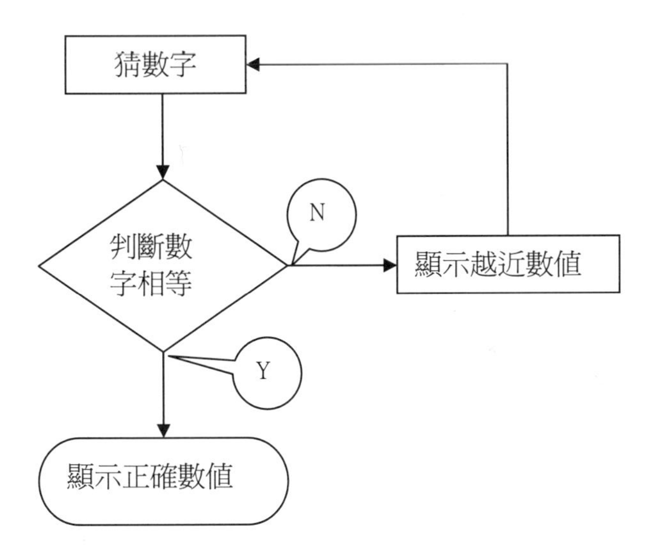

→ Visual Basic 語言

∨ 開啓Visual Basic程式，選擇標準執行檔。
∨ 在工作區表單產生物件(Label)二個。
∨ 在工作區表單產生物件(TextBox)一個。
∨ 在工作區表單產生物件(CommandButton)二個。

→ Visual Basic 表單物件排列狀況

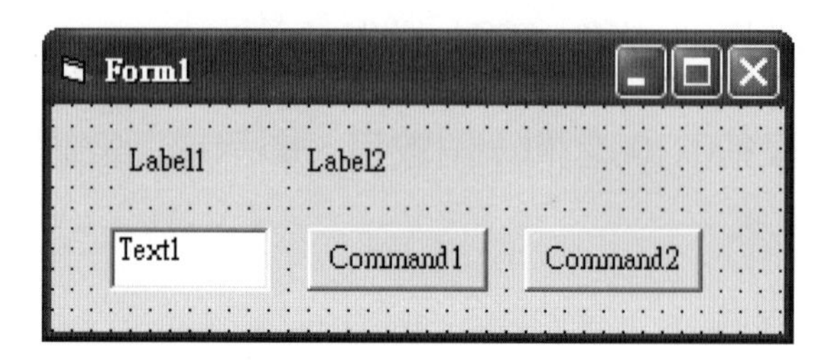

→ 在屬性區中更改自己所需要的資料

物件名	屬性名	屬性質(改)
Text1	Text	0
Command1	Caption	猜數字
Command2	Caption	重玩

→ Visual Basic 程式碼(檔名：num100a)

```
1.  Dim MinNum As Integer          '最小數字
2.  Dim MaxNum As Integer          '最大數字
3.  Dim PerNum As Integer        '猜數字
4.  Dim ComNum As Integer        '正確數字
5.  Private Sub Form_Load()            '表單載入
6.  Command2_Click
7.  End Sub
8.  Private Sub Command1_Click()       '猜數字程序
9.  If Text1.Text = "" Then Text1.Text = 0
10. PerNum = Text1.Text
11. If PerNum > MinNum And PerNum < MaxNum
Then
12.  Label2.Caption = " 玩家 " & PerNum   '顯示玩家
```

猜數
13. Testright   '執行測試數字副程式
14. Text1.Text = ""
15. Else
16. Label2.Caption = "輸入數字" & MinNum & " ~ " & MaxNum
17. End If
18. End Sub
19. Private Sub Command2_Click()
20. Text1.Text = 0
21. Randomize   '亂碼新種
22. ComNum = (Rnd * 10000) Mod 101   '隨機正確數產生
23. MinNum = 0   '最小數字
24. MaxNum = 100   '最大數字
25. Label1.Caption = MinNum & " ~ " & MaxNum '顯示最小,大字
26. Label2.Caption = "輸入數字" & MinNum & " ~ " & MaxNum
27. Command1.Enabled = True
28. End Sub
29. Private Sub Text1_KeyUp(KeyCode As Integer, Shift As Integer)
30. If Len(Text1.Text) >= 4 Then Text1.Text = ""
31. If KeyCode >= 48 And KeyCode <= 57 Then Exit Sub
32. Text1.Text = ""
33. End Sub
34. Private Sub Testright()   '測試數字副程式
35. If PerNum = ComNum Then   '電腦猜對
36. Label1.Caption = " 猜對 " & ComNum '顯示猜對
37. Command1.Enabled = False

```
38.   Exit Sub                 '離開副程式
39.  End If
40.  If PerNum > ComNum Then      '猜數 > 正確數
41.   MaxNum = PerNum          '換最大數字為猜數
42.   Label1.Caption = MinNum & " ~ " & MaxNum
'顯示
43.   Exit Sub                 '離開副程式
44.  End If
45.  If PerNum < ComNum Then      '猜數 < 正確數
46.   MinNum = PerNum          '換最小數字為猜數
47.   Label1.Caption = MinNum & " ~ " & MaxNum
'顯示
48.   Exit Sub                        '離開副程式
49.  End If
50.  End Sub
```

→ Visual Basic 程式碼解析

1~4行：宣告變數。
5~7行：表單載入。
8~18行：猜數字程序。
19~28行：重玩程序。
29~33行：鍵盤按數字。
34~50行：測試數字副程式。

→ 執行測試：(功能鍵F5)或功能表→執行(R)→開始(S)

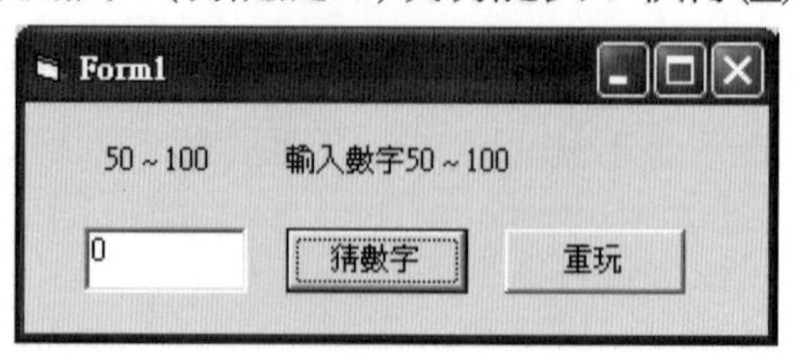

遊戲名稱：喊數字拳

遊戲規則=條件=範圍=操作=玩法
用左右手指，可以出石頭當0，布當5，與對手加起來的組合有0，5，10，15，20的組合，由這些組合，喊數字拳，連喊贏二次就算贏。

流程圖

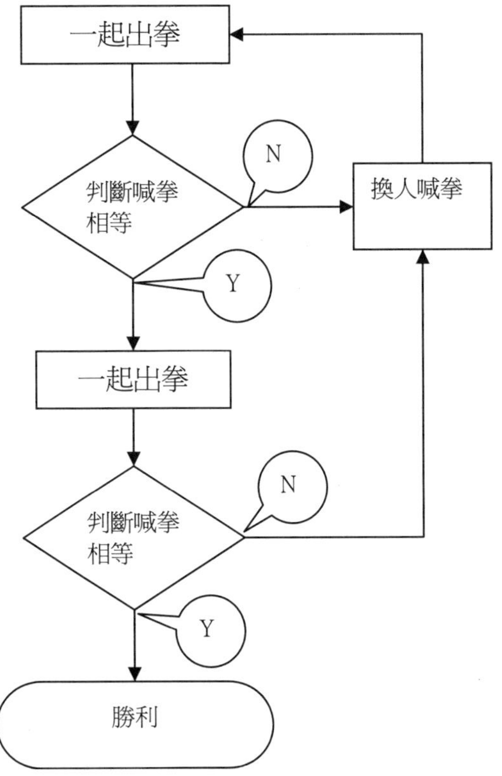

→ Visual Basic 語言準備工作

- V 開啟Visual Basic程式，選擇標準執行檔。
- V 在工作區表單產生物件(ListBox)一個。
- V 在工作區表單產生物件(OptionButton)一個。
- V 在工作區表單產生物件(Label)十三個。
- V 在工作區表單產生物件(CommandButton)一個。

→ 在屬性區中更改自己所需要的資料

物件名	物件名(改)	屬性名	屬性質(改)
Label1		Caption	喊拳者
Label2		Caption	左手
Label3		Caption	右手
Label4		Caption	喊數字
Label5		Caption	實際值
Label6	LblAll	Caption	Label6
Label7	Lblshow	Caption	Label7
Label8	LblComL	Caption	Label8
Label9	LblComR	Caption	Label9
Label10	LblComAll	Caption	Label10
Label11	LblPerL	Caption	Label11
Label12	LblPerR	Caption	Label12
Label13	LblPerAll	Caption	Label13
Command1	Cmdplay	Caption	喊拳
Option1	Optset	Caption	Option1
ListBox	Lstset		

- V 工作區在物件Optset按右鍵→複製(C)
- V 工作區中按右鍵→貼上(P)
- V 有視窗彈出要求是否建立一個控制項陣列→是(Y)
- V 工作區左上角出現物件Optset(1)本身名稱改Optset(0)

- 工作區在物件Lstset按右鍵→複製(C)
- 工作區中按右鍵→貼上(P)
- 有視窗彈出要求是否建立一個控制項陣列→是(Y)
- 工作區左上角出現物件Lstset(1)本身名稱改Lstset(0)
- 工作區中重復按右鍵→貼上(P)，直到Lstset(2)出現

→ Visual Basic 表單物件排列狀況

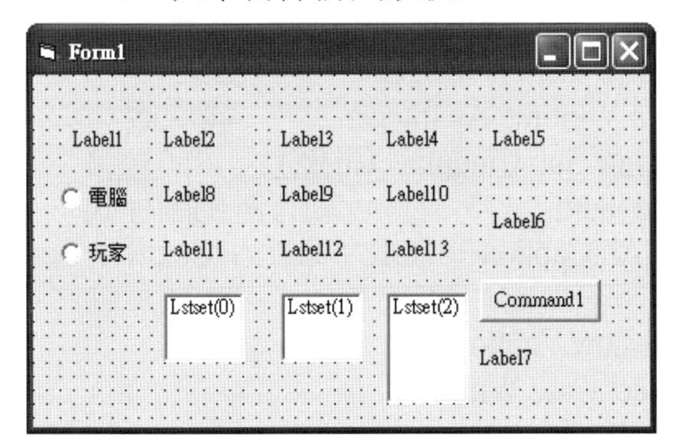

物件名	物件名(改)	屬性名	屬性質(改)
Option	Optset(0)	Caption	電腦
Option	Optset(1)	Caption	玩家
ListBox	Lstset(0)	List	0
ListBox	Lstset(0)	List	5
ListBox	Lstset(1)	List	0
ListBox	Lstset(1)	List	5
ListBox	Lstset(2)	List	0
ListBox	Lstset(2)	List	5
ListBox	Lstset(2)	List	10
ListBox	Lstset(2)	List	15
ListBox	Lstset(2)	List	20

→ Visual Basic 程式碼(檔名：num20a)

```
1.  Dim PerR As Integer          '玩家右手拳值
2.  Dim PerL As Integer          '玩家左手拳值
3.  Dim PerAll As Integer          '玩家喊拳值
4.  Dim ComR As Integer          '電腦右手拳值
5.  Dim ComL As Integer          '電腦左手拳值
6.  Dim ComAll As Integer          '電腦喊拳值
7.  Dim Winer As Integer          '贏家
8.  Dim Wintime As Integer          '贏次數
9.  Private Sub Cmdplay_Click()
10. Rnd_num                    '執行亂碼副程式
11. LblAll.Caption = PerR + PerL + ComR + ComL   '拳值
合
12. Lblshow.Caption = ""
13. Select Case Winer
14. Case 0
15.  LblPerAll.Caption = ""
16.  If ComAll = PerR + PerL + ComR + ComL Then
17.   Wintime = Wintime + 1          '贏次數加1
18.   Lblshow.Caption = "電腦贏1次 "     '顯示電腦贏1次
19.   If Wintime = 2 Then          '贏2次數
20.    Lblshow.Caption = "電腦贏此局"  '顯示電腦贏2次
21.    Wintime = 0               '贏次數歸零
22.   End If
23.   Exit Sub                '離開物件程式
24.  End If
25. Case 1
26. LblComAll.Caption = ""
27. If PerAll = PerR + PerL + ComR + ComL Then
28.  Wintime = Wintime + 1          '贏次數加1
29.  Lblshow.Caption = "玩家贏1次"    '顯示玩家贏1次
30.  If Wintime = 2 Then            '贏2次數
```

```
31.    Wintime = 0                    '贏次數歸零
32.    Lblshow.Caption = "玩家贏此局"  '顯示玩家贏2次
33.   End If

34.   Exit Sub             '離開物件程式
35.  End If
36.  End Select
37.  If Winer = 0 Then           '顯示電腦喊拳值
38.   Winer = 1
39.   Optset(1).Value = True
40.  Else                     '顯示玩家喊拳值
41.   Winer = 0
42.   Optset(0).Value = True
43.  End If
44.  Wintime = 0                '贏次數歸零
45.  LblPerAll.Caption = ""
46.  LblComAll.Caption = ""
47.  End Sub
48.  Private Sub Form_Load()
49.  LblPerR.Caption = 0: LblPerL.Caption = 0
50.  LblPerAll.Caption = 0: LblComAll.Caption = 0
51.  LblComR.Caption = 0: LblComL.Caption = 0
52.  Wintime = 0: Optset(0).Value = True
53.  End Sub

54.  Private Sub Lstset_Click(Index As Integer)
55.  Select Case Index
56.  Case 0
57.   PerL = Lstset(Index).Text      '輸入玩家左手拳值
58.   LblPerL.Caption = PerL         '顯示玩家左手拳值
59.  Case 1
60.   PerR = Lstset(Index).Text      '輸入玩家右手拳值
61.   LblPerR.Caption = PerR         '顯示玩家右手拳值
```

```
62. Case 2
63.  PerAll = Lstset(Index).Text     '輸入玩家喊拳值
64.  LblPerAll.Caption = PerAll       '顯示玩家喊拳值
65. End Select
66. End Sub
67. Private Sub Rnd_num()            '亂碼副程式
68. Randomize                       '亂碼新種
69. ComR = ((Rnd * 200) Mod 2) * 5    '電腦右拳值
70. ComL = ((Rnd * 200) Mod 2) * 5    '電腦左拳值
71. ComAll = ((Rnd * 200) Mod 5) * 5  '電腦喊拳值
72. LblComR.Caption = ComR            '顯示電腦右拳值
73. LblComL.Caption = ComL            '顯示電腦左拳值
74. LblComAll.Caption = ComAll        '顯示電腦喊拳值
75. LblPerAll.Caption = PerAll
76. End Sub
```

→ Visual Basic 程式碼解析

1~8行：宣告變數。
9~53行：電腦與玩家拳數比對。
54~66行：玩家左右拳數設定。
67~76行：電腦左右拳數設定。

→ 執行測試：(功能鍵F5)或功能表→執行(R)→開始(S)

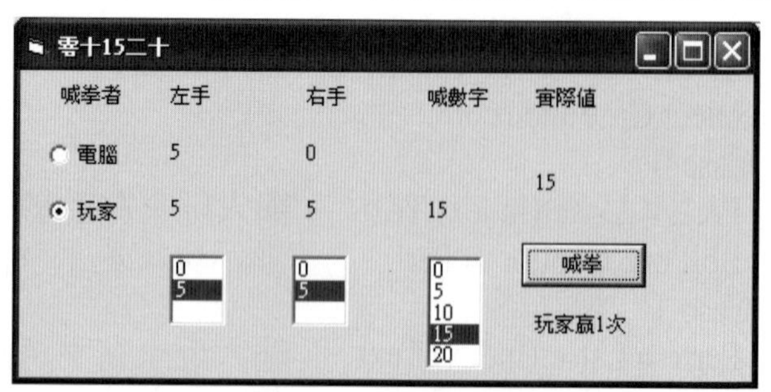

● 遊戲名稱：龜兔賽跑

→ 遊戲規則=條件=範圍=操作=玩法

→ 烏龜好好一步一步走到終點，兔子可以走許多步，但是 看到樹蔭就想休息，誰會先到終點。

■ 流程圖

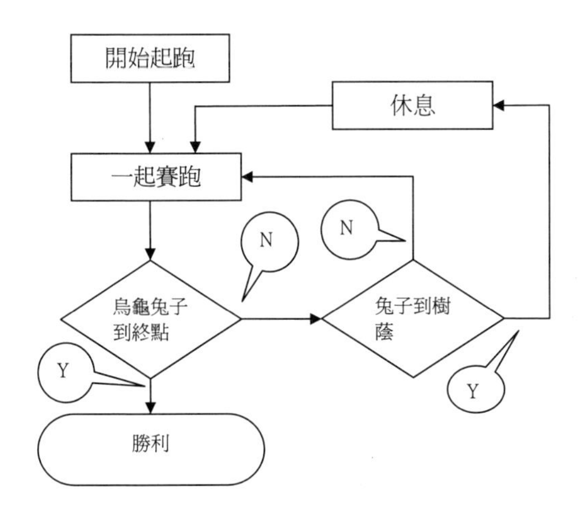

→ Visual Basic 語言

- 開啓Visual Basic程式，選擇標準執行檔。

- 在工作區表單產生物件(Label)三個。
- 在工作區表單產生物件(CommandButton)一個。
- 在工作區表單產生物件(Timer)一個。
- 在工作區表單產生物件(Image)二個(像素33*33) 。
- 在小畫家中畫草原(像素33*33)存一個檔
- 在小畫家中畫樹蔭(像素33*33)存一個檔
- 在小畫家中畫烏龜(像素33*33)存一個檔
- 在小畫家中畫兔子(像素33*33)存一個檔

→ 在屬性區中更改自己所需要的資料

物件名	物件名(改)	屬性名	屬性質(改)
Label1	Label1	Caption	終點
Label2	Label2	Caption	起點
Label	Lblshow	Caption	Label3
Command1	Cmdrun	Caption	兔子Go
Image	Imgmap		
Image	Imguse		
Timer1	Timer1	Enabled	False
Timer1	Timer1	Interval	500
Form1	Form1	ScaleMode	3-像素
Form1	Form1	AutoRedraw	True

- 工作區在物件Imgmap按右鍵→複製(C)
- 工作區中按右鍵→貼上(P)
- 有視窗彈出要求是否建立一個控制項陣列→是(Y)
- 工作區左上角出現物件Imgmap(1)本身名稱改Imgmap(0)
- 工作區中重復按右鍵→貼上(P)，直到Imgmap(17)出

現

∨ 移動排列物件Imgmap(0), Imgmap(1),…Imgmap(17)

∨ 工作區在物件Imguse按右鍵→複製(C)
∨ 工作區中按右鍵 貼上(P)
∨ 有視窗彈出要求是否建立一個控制項陣列→是(Y)
∨ 工作區中重復按右鍵→貼上(P)，直到Imguse(3)出現

→ 物件名Imguse取得圖形檔*.bmp

物件名	物件名(改)	屬性名	屬性質(改)
Image	Imguse(1)	Picture	草原圖檔
Image	Imguse(1)	Picture	樹蔭圖檔
Image	Imguse(2)	Picture	烏龜圖檔
Image	Imguse(3)	Picture	兔子圖檔

→ Visual Basic工作區排列物件情況如下圖

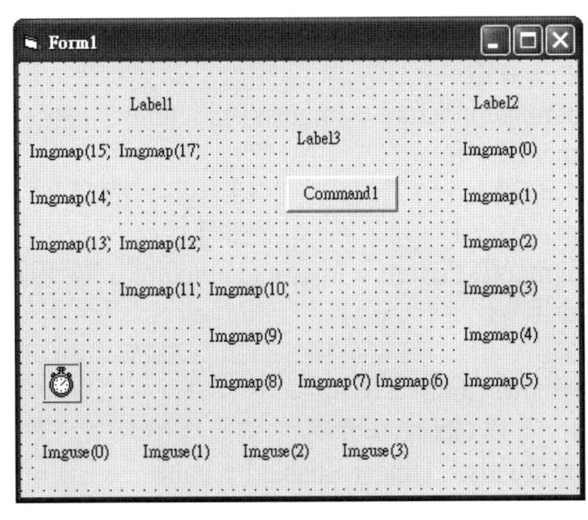

→ Visual Basic程式碼(檔名：barrun)

```
1.  Dim PerP As Integer  '兔子
2.  Dim ComP As Integer  '烏龜
3.  Dim Pid As Integer   '玩家順序
4.  Dim Gmap(17) As Integer '地圖
5.  Dim Goway As Integer     '兔子步數
6.  Dim Ptime As Integer     '休息步數
7.  Dim Wup As Boolean       '休息醒來
8.  Private Sub Cmdrun_Click()   '兔子走路
9.  Randomize                    '亂碼新種
10. If Wup = False And Pid = 0 Then   '兔子是玩家0
醒來

11.  Goway = ((Rnd * 700) Mod 5) + 1   '亂碼取得兔
子步數
12.  Timer1.Enabled = True              '時間開始
13. End If
14. End Sub
15. Private Sub Form_Load()
16. For i = 0 To 17
17.  Imgmap(i).Picture = Imguse(0).Picture      '空白圖
18.  Gmap(i) = 0                      '空白0
19. If 4 = (i Mod 5) Then             '每五步有樹蔭
20.  Gmap(i) = 1                      '樹蔭1
21.  Imgmap(i).Picture = Imguse(1).Picture   '樹蔭圖
22. End If
23. Next
24. PerP = 0: ComP = 0: Pid = 0
25. Ptime = 0: Goway = 0:
26. Wup = False: Timer1.Enabled = False
27. Imgmap(PerP).Picture = Imguse(3).Picture  '兔子圖
28. End Sub
```

```
29. Private Sub Timer1_Timer()          '約每秒執行一
次
30. Select Case Pid
31. Case 0           '玩家0是兔子
32. If Wup = True Then             '玩家0是兔子休息
True
33.  Pid = 1                  '換玩家1是烏龜
34.  Ptime = Ptime - 1            ' 兔子休息1次
35.  Lblshow.Caption = "兔子休息" & Ptime & "次"  '
顯示
36.  If Ptime <= 0 Then           '兔子休息完
37.   Lblshow.Caption = "兔子醒來"
38.   Cmdrun.Caption = "兔子Go"
39.   Wup = False: Pid = 0 ' 玩家0是兔子兔子醒來
Fasle
40.   Timer1.Enabled = False       '停止計時器
41.  End If

42.  Exit Sub                 '離開次此物件程式
43. End If
44. PerP = PerP + 1              '兔子向前走
45. If PerP >= 18 Then            '兔子走到終點
46.  Lblshow.Caption = "兔子贏"      ' 顯示兔子贏
47.  Form_Load                ' 執行表單Form_Load程
式
48.  Exit Sub                 ' 離開次此物件程式
49. End If
50. Imgmap(PerP - 1).Picture = Imguse(Gmap(PerP -
1)).Picture
51. Imgmap(PerP).Picture = Imguse(3).Picture  ' 顯示
兔子位置
52. Imgmap(ComP).Picture = Imguse(2).Picture  ' 顯示
烏龜位置
```

```
53. If (PerP Mod 5) = 4 And Wup = False Then  ' 兔子遇到樹蔭
54.  Wup = True                     ' 兔子休息True
55.  Ptime = ((Rnd * 700) Mod 3) + 3  ' 亂碼取兔子休息次數
56.  Cmdrun.Caption = "烏龜Go"          ' 顯示烏龜
57.  Pid = 1                      '換玩家1是烏龜
58.  Exit Sub                     ' 離開次此物件程式
59. End If
60. Goway = Goway - 1              '兔子相前走剩餘步數
61. Lblshow.Caption = "兔子隨便走" & Goway & "次"
62. If Goway <= 0 Then Pid = 1 '兔子0步換烏龜
63. Case 1            '玩家1是烏龜
64. ComP = ComP + 1       '烏龜只走一步
65. If ComP >= 17 Then          '烏龜走到終點
66.  Lblshow.Caption = "烏龜贏"   ' 顯示烏龜贏
67.  Form_Load                  ' 執行表單Form_Load程式
68.  Exit Sub                   ' 離開次此物件程式
69. End If
70. Imgmap(ComP - 1).Picture = Imguse(Gmap(ComP - 1)).Picture
71. Imgmap(ComP).Picture = Imguse(2).Picture  ' 顯示烏龜位置
72. Imgmap(PerP).Picture = Imguse(3).Picture  ' 顯示兔子位置
73. Pid = 0                        '換玩家0是兔子
74. If Wup = False Then Timer1.Enabled = False
75. End Select
76. End Sub
```

→ Visual Basic程式碼解析

1~7行：宣告變數。
8~14行：取得兔子步數。
15~28行：預設值。
29~62行：兔子狀況狀況。
29~43行：兔子休息狀況。
44~49行：兔子勝利狀況。
50~52行：顯示位置狀況。
53~59行：兔子遇到樹蔭。
60~62行：兔子剩餘步數。
63~76行：烏龜狀況。

→ 執行測試：(功能鍵F5)或功能表→執行(R)→開始(S)

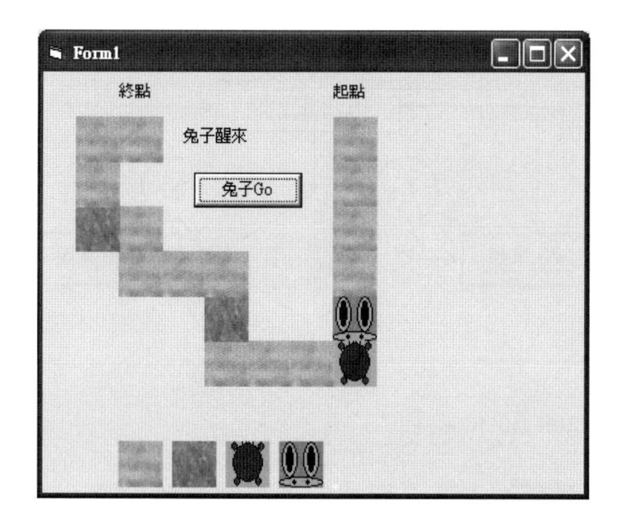

● 遊戲名稱：你丟我撿接東西

→ 遊戲規則=條件=範圍=操作=玩法

→ 在玩家上方，會有東西往下掉，玩家要用左右方向鍵去接住掉下來的東西。

→ 遊戲規劃：以7*10的圖形陣列，物品大小爲25*25像素

■ 流程圖

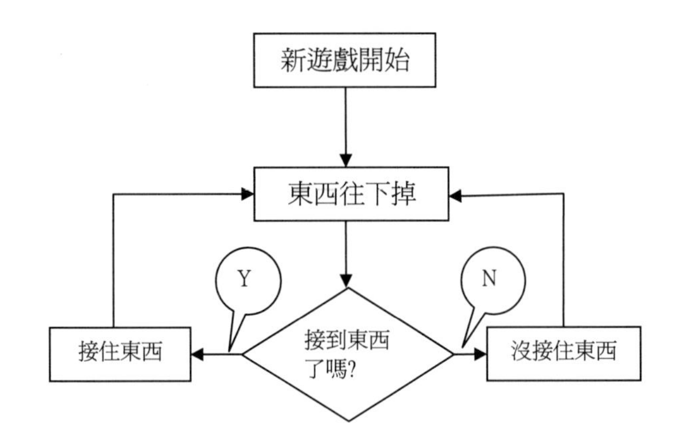

→ Visual Basic 語言

∨ 開啓Visual Basic程式，選擇標準執行檔。
∨ 在工作區表單產生物件(Label)一個。

→ Visual Basic功能表工具(T)→功能表編輯器(M)
→ 功能表產生游戲(Gameper)項，新遊戲(Newgame)列、說明(Say)項，玩法(Playway)列

功能表編輯器
標題(P):
名稱(M):
索引(X):
快速鍵(S): (無)
說明主題代碼(H): 0
協調位置(O): 0 - 不顯示
核取式(C) 啟用(E) 顯示(V) 具視窗清單(W)
確定
取消
下一個(N) 插入(I) 刪除(T)
遊戲
....新遊戲
說明
....玩法
標題 遊戲
名稱 Gameper
標題 新遊戲
名稱 Newgame
標題 說明
名稱 Say
標題 玩法
名稱 Playway

→ Visual Basic工作區排列物件情況如下圖

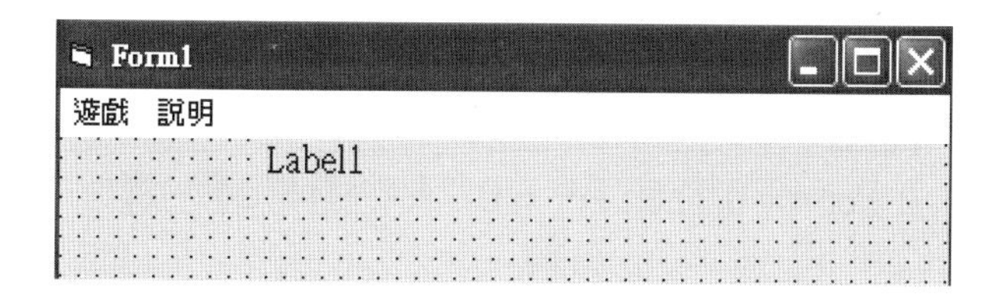

→ 在屬性區中更改自己所需要的資料

物件名	物件名(改)	屬性名	屬性質(改)
Form1	Form1	ScaleMode	3-像素
Form1	Form1	AutoRedraw	True
Label	Lblshow	Caption	label1

∨ Visual Basic程式碼(檔名：getting)

```
1.      Private Declare Function GetTickCount Lib
 "kernel32" () As Long
2.      Dim Gmap(69) As Integer         ' 地圖 (7*10)
3.      Dim Mapkind As Integer          ' 備用參數
4.      Dim Per As Integer              ' 人物位置
5.      Dim MapX As Integer             ' 地圖X軸
6.      Dim MapY As Integer             ' 地圖Y軸
7.      Dim Dltime As Long              ' 延時參數

8.      Private Sub Form_KeyUp(KeyCode As Integer, Shift
 As Integer)
9.      Select Case KeyCode
10.     Case 37             ' 左鍵
11.      Mapkind = Per          '人物位置
12.      Per = Per - 1
13.      If Per <= 0 Then Per = 0  '人物還是最左邊
14.     Case 39             ' 右鍵
15.      Mapkind = Per          '人物位置
16.      Per = Per + 1
17.      If Per >= 6 Then Per = 6   '人物還是最左邊
18.     End Select
19.     Per_image               ' 執行人物圖示副程式
20.     End Sub

21.     Private Sub Per_image()        ' 人物圖示副程式
22.     For y = 275 To 300          ' 清除人物上次圖示
23.     For x = 100 + (Mapkind * 25) To 100 + (Mapkind *
 25) + 25
24.     PSet (x, y), Point(15, 15)
25.     Next
26.     Next
```

```
27.    Line (110 + (25 * Per), 280)-(115 + (25 * Per), 295),
 0, B
28.    Line (105 + (25 * Per), 285)-(120 + (25 * Per), 295),
 0, BF
29.    End Sub

30.    Private Sub Map_image()    ' 物品圖示副程式
31.    Dim i As Integer
32.    For i = 0 To 62

33.    If Gmap(i) <> 0 Then
34.    MapX = i Mod 7            ' (7*10圖形陣列)取X軸
35.    MapY = i \ 7              ' (7*10圖形陣列)取Y軸
36.    MapX = 100 + (25 * MapX)   '取X軸圖形位置
37.    MapY = 50 + (25 * MapY)   '取Y軸圖形位置
38.    For y = MapY To MapY + 25     '圖形位置~25物品
 大小
39.    For x = MapX To MapX + 25   '圖形位置~25物品
 大小
40.    PSet (x, y), Point(15, 15)  ' 清除物品(取空白點顏
 色)
41.    Next
42.    Next
43.    End If
44.    Next
45.    Thing_move          ' 執行物品位移副程式
46.    Shape_Rne           ' 執行物品產生副程式
47.    Lblshow.Caption = ""    '顯示空白
48.    For i = 0 To 62
49.    If Gmap(i) <> 0 Then
50.    MapX = i Mod 7          ' (7*10圖形陣列)取X軸
51.    MapY = i \ 7            ' (7*10圖形陣列)取Y軸
52.    Select Case Gmap(i)       ' 圖形樣式
```

```
53.    Case 1                '劃長圖形樣式A
54.    Line (105 + (25 * MapX), 60 + (25 * MapY)) _
55.    -(120 + (25 * MapX), 65 + (25 * MapY)), 255, BF
56.    Case 2                 '劃長圖形樣式A
57.    Line (110 + (25 * MapX), 55 + (25 * MapY)) _
58.    -(115 + (25 * MapX), 70 + (25 * MapY)), 125, BF
59.    Case 3                    '劃圓圖形樣式
60.    FillStyle = 0
61.    Circle (112 + (25 * MapX), 62 + (25 * MapY)), 8, 0
62.    FillStyle = 1
63.    End Select
64.    End If
65.    Next
66.    End Sub

67.    Private Sub Shape_Rne()          '物品產生副程式
68.    Randomize                   ' 亂碼新種
69.    For i = 0 To 6
70.     Gmap(i) = 0                 '重新規劃物品
71.    Next
72.    i = (Rnd * 3333) Mod 7
73.    Gmap(i) = (Rnd * 7777) Mod 4     '物品產生
74.    End Sub
75.    Private Sub Per_Get()       '人物物品接觸副程式
76.    For i = 63 To 69
77.    If Gmap(i) <> 0 Then          ' 物品位置
78.    If i = (Per + 63) Then Lblshow.Caption = "接到東西
 "
79.    If i <> (Per + 63) Then Lblshow.Caption = "掉到地
 上"
80.    End If
81.    Next
82.    End Sub
```

```
83.    Private Sub Thing_move()      ' 執行物品位移副程
  式
84.    For i = 9 To 1 Step -1        ' (7*10圖形陣列)Y軸底部
85.    For k = 0 To 6                ' (7*10圖形陣列)X軸左至
  右
86.    Gmap((i * 7) + k) = 0      ' 物品規劃物品
87.    Gmap((i * 7) + k) = Gmap(((i - 1) * 7) + k) ' 物品往
  下掉
88.    Next
89.    Next
90.    End Sub

91.    Private Sub Form_Load()
92.    Line (98, 48)-(278, 302), 0, B   ' 遊戲外框
93.    Per = 3                  '玩家初始位置
94.    Per_image                  ' 執行人物圖示副程式
95.    End Sub

96.    Private Sub Game_play()        ' 遊戲時間副程式
97.    Do While 1
98.    Dltime = GetTickCount()              ' API時間

99.    Dltime = Dltime + 1000           ' 延時參數
100.   Do While GetTickCount() < Dltime   ' API計時
101.   DoEvents                    ' 電腦多工
102.   Loop
103.   Map_image
104.   Per_Get                ' 執行人物物品接觸副程式
105.   Loop                '執行物品圖示副程式
106.   End Sub
107.   Private Sub Newgame_Click()        ' 新遊戲
108.   Lblshow.Caption = "遊戲開始"
```

```
109.  For i = 0 To 62
110.   Gmap(i) = 0               ' 物品規劃物品
111.  Next
112.  For y = 50 To 275
113.   For x = 100 To 275
114.    PSet (x, y), Point(15, 15)  '清除物品圖示
115.   Next
116.  Next
117.  Game_play
118.  End Sub
119.  Private Sub Playway_Click()
120.  Form1.Caption = "按鍵盤左右鍵接上方下來的東
西"
121.  End Sub
```

→ Visual Basic程式碼解析

1~7行：宣告變數、API函數GetTickCount。
8~20行：按鍵程序。
21~29行：人物圖示副程式。
30~66行：物品圖示副程式。
67~74行：物品產生副程式。
75~82行: 人物、物品接觸副程式。
83~90行: 物品位移副程式。
91~95行：玩家初始位置。
96~106行：遊戲時間副程式。
107~118行：新遊戲。
119~121行：遊戲玩法。

→ 執行測試：(功能鍵F5)或功能表→執行(R)→開始(S)

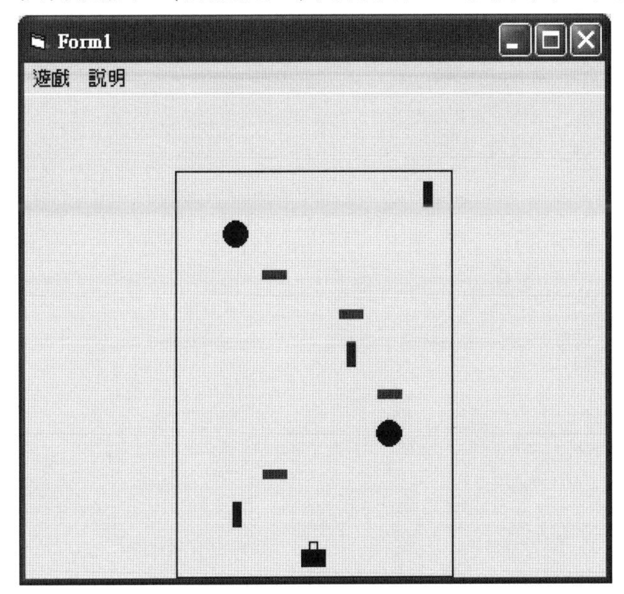

筆記

Visual Basic

第十章
地圖編輯器

◆ 移箱子遊戲

● 題目名稱：移箱子地圖編輯器、移箱子遊戲。

→ 遊戲規則=條件=範圍=操作=玩法

→ 地圖編輯器，用滑鼠選圖，到地圖陣列去編輯。
→ 編輯完成要儲存檔案→按遊戲區進入遊戲。
→ 進入遊戲　按上下左右移動人物推箱子，將箱子推到　有標示空地的地方，直到推完成全部箱子。

■ 流程圖

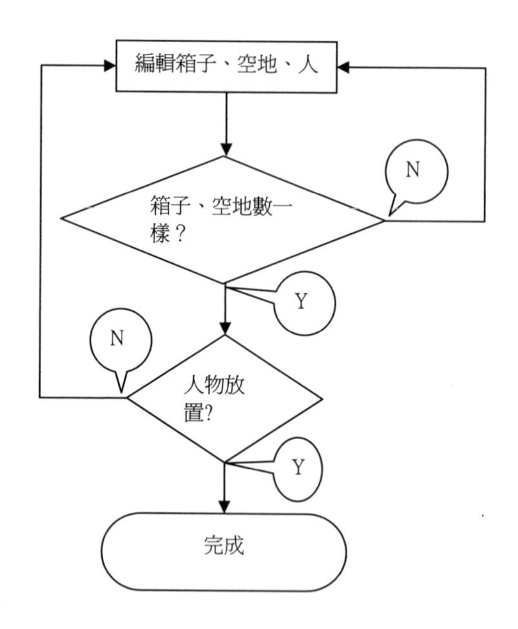

→ Visual Basic 語言準備工作

∨　開啟Visual Basic程式，選擇標準執行檔。
∨　在工作區Form1表單產生物件(Label)十四個。

→ 在屬性區中更改自己所需要的資料

物件名	物件名(改)	屬性名	屬性質(改)
Label1		Caption	空白
Label2		Caption	空地
Label3		Caption	箱子
Label4		Caption	完成
Label5		Caption	人物
Label6		Caption	牆
Label7		Caption	選圖
Label8		Caption	編輯圖
Label9	Lblmap	Caption	
	Lblmap	Alignment	2-置中對齊
	Lblmap	Appearance	0-平面
	Lblmap	BorderStyle	1-單線固定
Label10	Lblallset	Caption	
	Lblallset	BorderStyle	1-單線固定
Label11	Lblsetmap	Caption	
	Lblsetmap	BorderStyle	1-單線固定
Label12	Lblsave	Caption	儲存檔案
	Lblsave	BorderStyle	1-單線固定
Label13	Lblload	Caption	載入檔案
	Lblload	BorderStyle	1-單線固定
Label14	Lblgame	Caption	遊戲區
	Lblgame	BorderStyle	1-單線固定

- 在Form1表單物件(Lblmap)按右鍵→複製(C)
- 工作區中按右鍵→貼上(P)
- 有視窗彈出要求是否建立一個控制項陣列→是(Y)
- 工作區左上角出現物件Lblmap (1)本身名稱改Lblmap (0)
- 工作區中重復按右鍵→貼上(P)，直到Lblmap (99)出現

→ 在物件Lblsetmap，重復上述動作，直到Lblsetmap(5)出現

→ Visual Basic Form1表單物件排列狀況

Lblmap (0)	(1)	(2)	…	(8)	Lblmap (9)
Lblmap (10)	(11)	(12)	…	(18)	Lblmap (19)
…	…		…	…	…
Lblmap (80)	(81)	(82)	…	(88)	…
Lblmap (90)	(91)	(92)	…	(98)	Lblmap (99)

滑鼠左鍵決定 右鍵取消,選圖編輯方格

0	1	2	3	4	5	6	7	8	9
10	11	12	13	14	15	16	17	18	19
20	21	22	23	24	25	26	27	28	29
30	31	32	33	34	35	36	37	38	39
40	41	42	43	44	45	46	47	48	49
50	51	52	53	54	55	56	57	58	59
60	61	62	63	64	65	66	67	68	69
70	71	72	73	74	75	76	77	78	79
80	81	82	83	84	85	86	87	88	89
90	91	92	93	94	95	96	97	98	99

編輯圖
選圖
空白 0
空地 1
箱子 2
完成 3
人物 4
牆 5

儲存檔案
載入檔案
遊戲區

→ Visual Basic功能表→專案(P)→新增表單(F)
→ 產生Form2表單

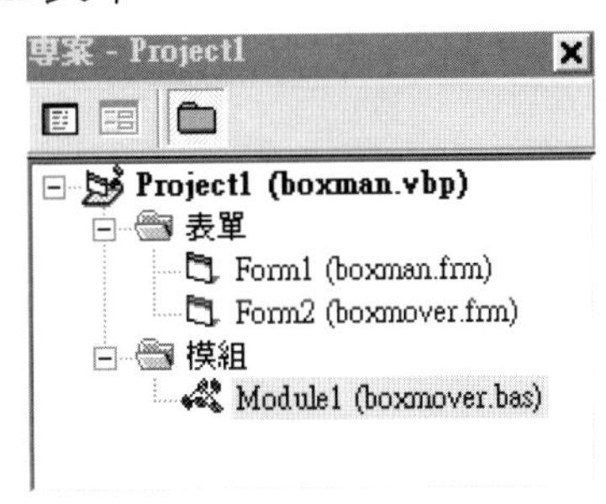

→ Visual Basic功能表→專案(P)→新增模組(M)
→ 產生模組檔

∨ 在工作區Form2表單產生物件(Label)四個。

→ 在屬性區中更改自己所需要的資料

物件名	物件名(改)	屬性名	屬性質(改)
Label1	Lblmap	Caption	
	Lblmap	Alignment	2-置中對齊
	Lblmap	Appearance	0-平面
	Lblmap	BorderStyle	1-單線固定
Label2	Lblreset	Caption	重玩
Label2	Lblreset	BorderStyle	1-單線固定
Label3	Lblback	Caption	回編輯區
Label3	Lblback	BorderStyle	1-單線固定
Label4	Label4	Caption	按上下左右鍵移動

- 在Form2工作區物件(Lblmap)按右鍵→複製(C)
- 工作區中按右鍵→貼上(P)
- 有視窗彈出要求是否建立一個控制項陣列→是(Y)
- 工作區左上角出現物件Lblmap(1)本身名稱改Lblmap(0)
- 工作區中重復按右鍵→貼上(P)，直到Lblmap(99)出現

→ Visual Basic Form2表單物件排列狀況

Lblmap (0)	(1)	(2)	…	(8)	Lblmap (9)
Lblmap (10)	(11)	(12)	…	(18)	Lblmap (19)
…	…		…	…	…
Lblmap (80)	(81)	(82)	…	(88)	…
Lblmap (90)	(91)	(92)	…	(98)	Lblmap (99)

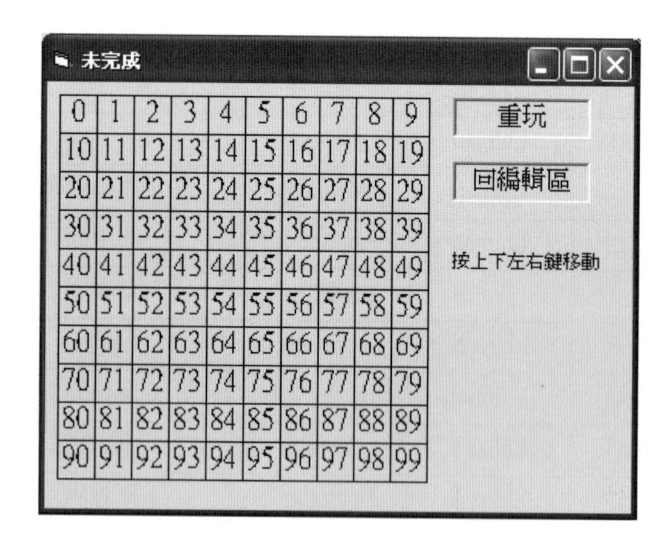

→ Visual Basic 程式碼(檔名：boxman)

```
' Form1程式開始
1.  Private Sub Form_Load()
2.  Form1.Caption = "滑鼠左鍵決定 右鍵取消,選圖編輯
    方格"
3.  Gsign(0) = "":   Gsign(1) = "○":
4.  Gsign(2) = "●": Gsign(3) = "◎"
5.  Gsign(4) = "♀": Gsign(5) = "牆"
6.  Gsign(6) = "♀"
7.  For i = 0 To 5
8.  Lblsetmap(i).Caption = Gsign(i)
9.  Next
10. End Sub
11. Private Sub Lblgame_Click()
12. Form1.Hide
13. Form2.Show
14. End Sub
15. Private Sub Lblmap_MouseUp(Index As Integer, Button
    As Integer, _
16. Shift As Integer, X As Single, Y As Single)
17. Form1.Caption = "滑鼠左鍵決定 右鍵取消,選圖編輯
    方格"
18. Select Case Button
19. Case 1
20. If Gkind = 4 Then Clr_Gper
21. Gmap(Index) = Gkind
22. Lblmap(Index).Caption = Lblallset.Caption
23. Case 2
24. Gmap(Index) = 0
25. Lblmap(Index).Caption = ""
26. End Select
27. End Sub
```

```
28. Private Sub Lblsetmap_Click(Index As Integer)
29. Form1.Caption = "滑鼠左鍵決定 右鍵取消,選圖編輯
    方格"
30. Lblallset.Caption = Lblsetmap(Index).Caption
31. Gkind = Index
32. End Sub
33. Private Sub Lblload_Click()           '開檔
34. On Error GoTo Outload                 '錯誤處理
35.  Open "boxmove" For Input As #1   '開檔模式Input
36.  For n = 0 To 99
37.  Input #1, Gmap(n)                '讀資料Input
38.  Lblmap(n).Caption = Gsign(Gmap(n))
39.  If Gmap(n) = 4 Then Gper = n
40.  Next
41.  Close #1                         '關檔
42. Outload:                          '錯誤處理
43. End Sub
44. Private Sub Lblsave_Click()       '存檔
45. Test_map
46. If Okstate = True Then
47. On Error GoTo Outsave             '錯誤處理
48. Open "boxmove" For Output As #1  '開檔模式Output
49. For i = 0 To 99
50. Write #1, Gmap(i)                 '寫資料Write
51. Next
52. Close #1                          ' 關檔
53. End If
54. Outsave:              ' 錯誤處理
55. End Sub
56. Private Sub Test_map()
57. Dim Space, box, Per As Integer
58. For i = 0 To 99
59. If Gmap(i) = 1 Then Space = Space + 1
```

```
60. If Gmap(i) = 2 Then box = box + 1
61. If Gmap(i) = 4 Then Per = Per + 1
62. Next
63. Okstate = False
64. If Space = box And Per = 1 Then
65. Form1.Caption = "完成"
66. Okstate = True
67. Else
68. Form1.Caption = "少人或東西數量不配"
69. End If
70. End Sub
71. Private Sub Clr_Gper()
72. For i = 0 To 99
73. If Gmap(i) = 4 Then
74. Gmap(i) = 0
75. Lblmap(i).Caption = ""
76. End If
77. Next
78. End Sub

'--- Form1---程式結束
```

→ Visual Basic 程式碼解析

1~10行：表單載入圖形索引。
11~14行：進入Form2表單，遊戲區。
15~27行：滑鼠操作程式，處理圖形編輯。
20行：處理人物圖形編輯。
28~32行：選擇圖形與圖形索引。
33~43行：載入地圖檔程序。
44~55行：儲存地圖檔程序。
56~70行：測試空地與箱子數相同，以及一位人物。
71~78行：清除人物圖形與索引。

→ Form2程式碼(檔名：boxmover)

```
1.  Private Sub Form_Activate()
2.  Lblreset_Click
3.  End Sub
4.  Private Sub Form_KeyUp(KeyCode As Integer, Shift As
Integer)
5.  Dim ix, iy, Nx, Ny, Tx, Ty As Integer
6.  ix = Gper Mod 10
7.  iy = Gper \ 10
8.  Select Case KeyCode
9.  Case 37:
10.  If ix - 1 >= 0 Then Nx = ix - 1  'left
11.  If ix - 1 <= -1 Then Nx = 0
12.  If ix - 2 >= 0 Then Tx = ix - 2  'left
13.  If ix - 2 <= -1 Then Tx = 0
14.  Ny = iy:  Ty = iy
15. Case 38:
16.  If iy - 1 >= 0 Then Ny = iy - 1  'up
17.  If iy - 1 <= -1 Then Ny = 0
18.  If iy - 2 >= 0 Then Ty = iy - 2  'up
19.  If iy - 2 <= -1 Then Ty = 0
20.  Nx = ix:  Tx = ix
21. Case 39:
22.  If ix + 1 <= 9 Then Nx = ix + 1   'right
23.  If ix + 1 >= 10 Then Nx = 9
24.  If ix + 2 <= 9 Then Tx = ix + 2    'right
25.  If ix + 2 >= 10 Then Tx = 9
26.  Ny = iy:  Ty = iy
27. Case 40:
28.  If iy + 1 <= 9 Then Ny = iy + 1     'down
29.  If iy + 1 >= 10 Then Ny = 9
```

```
30. If iy + 2 <= 9 Then Ty = iy + 2     'down
31. If iy + 2 >= 10 Then Ty = 9
32. Nx = ix:  Tx = ix
33. End Select
34. Done = (Ny * 10) + Nx
35. Dtwo = (Ty * 10) + Tx
36. Form2.Caption = Gper & "," & Done
37. If Done <> Gper And Gmap(Done) <> 5 Then Pace_test
38. Test_box
39. End Sub
40. Private Sub Pace_test()
41. Select Case Gmap(Done)
42. Case 0
43. move_Per
44. Gmap(Done) = 4
45. Show_map
46. Gper = Done
47. Case 1
48. move_Per
49. Gmap(Done) = 6
50. Show_map
51. Gper = Done
52. Case 2
53. Select Case Gmap(Dtwo)
54. Case 0
55. move_Per
56. Gmap(Done) = 4:  Gmap(Dtwo) = 2
57. Show_map
58. Gper = Done
59. Case 1
60. move_Per
61. Gmap(Done) = 4:  Gmap(Dtwo) = 3
62. Show_map
```

```
63.   Gper = Done
64.  End Select
65. Case 3
66.  Select Case Gmap(Dtwo)
67.  Case 0
68.   move_Per
69.   Gmap(Done) = 6:  Gmap(Dtwo) = 2
70.   Show_map
71.   Gper = Done
72.  Case 1
73.   move_Per
74.   Gmap(Done) = 6:  Gmap(Dtwo) = 3
75.   Show_map
76.   Gper = Done
77.  End Select
78. End Select
79. End Sub
80. Private Sub move_Per()
81. If Gmap(Gper) = 6 Then Gmap(Gper) = 1
82. If Gmap(Gper) = 4 Then Gmap(Gper) = 0
83. End Sub
84. Private Sub Show_map()
85. Lblmap(Done).Caption = Gsign(Gmap(Done))
86. Lblmap(Dtwo).Caption = Gsign(Gmap(Dtwo))
87. Lblmap(Gper).Caption = Gsign(Gmap(Gper))
88. End Sub
89. Private Sub Test_box()
90. Dim TR, n As Integer
91. For n = 0 To 99
92.  If Gmap(n) = 2 Then TR = TR + 1
93. Next
94. If TR = 0 Then
95.  Form2.Caption = "完成"
```

```
96. Else
97.  Form2.Caption = "未完成"
98. End If
99. End Sub

100.Private Sub Lblreset_Click()
101.  Form2.Caption = "未完成"

102.   On Error GoTo Outload           ' 錯誤處理
103.   Open "boxmove" For Input As #1     ' 開檔模式Input
104.     For n = 0 To 99
105.     Input #1, Gmap(n)             ' 讀資料Input
106.     Lblmap(n).Caption = Gsign(Gmap(n))
107.     If Gmap(n) = 4 Then Gper = n
108.     Next
109.    Close #1                   ' 關檔
110.   Outload:                    ' 錯誤處理
111.End Sub

' ---Form2---程式結束
```

Visual Basic 程式碼解析

40~79行 : 箱子位置狀況。
人物前方狀況
如果前方狀況 : 空白
　　人物前往空白
如果前方狀況 : 空地
　　人物前往空地
如果前方狀況 : 箱子
　　人物前前方狀況: 空白
　　人物移動箱子
　　人物前前方狀況: 空地

人物移動箱子
如果前方狀況 : 完成箱子
人物前前方狀況: 空白
人物移動箱子
人物前前方狀況: 空地
人物移動箱子

1~3行：Form2表單活動程序。
4~39行：取得上下左右鍵資料。
37行：處理箱子位置狀況。
38行：執行測試箱子完全移動到定點程式。
80~83行：人物位置下有空白與空地之分。
84~88行：顯示地圖移動狀況。
89~99行：測試箱子是否全部到定點副程式。
100~111行：重玩副程式。

→ 模組檔程式碼 (檔名：boxmover)

```
1.  Public Gsign(6) As String          '圖片種類
2.  Public Gmap(99) As Integer         '地圖陣列
3.  Public Gkind As Integer            '圖片索引
4.  Public Gper As String              '人物位置
5.  Public Done, Dtwo As Integer       '前方位置，前
前方位置
6.  Public Okstate As Boolean          '地圖編輯狀況
```

模組檔程式碼解析

1行 : 公用字串陣列，放入圖片種類
2行 : 公用地圖陣列，地圖狀況
5行 : 人物移動方向的第一步與第二步

→ 執行測試：(功能鍵F5)或功能表→執行(R)→開始(S)

→ Visual Basic Form1表單物件執行狀況

1. 用滑鼠選圖，到地圖陣列編輯。
2. 編輯完成要儲存檔案。
3. 按遊戲區進入遊戲。

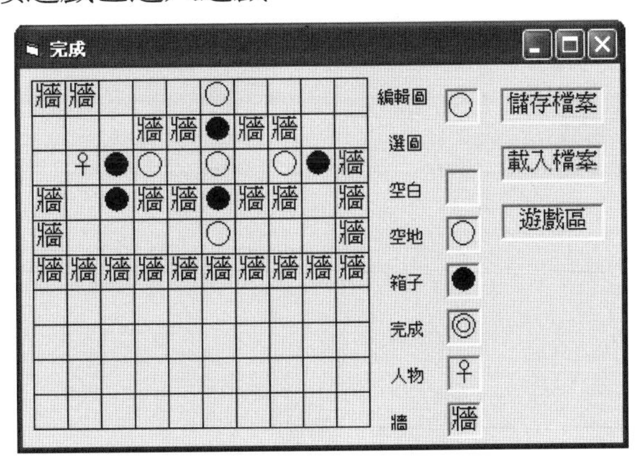

→ Visual Basic Form2表單物件執行狀況

1. 按鍵盤上下左右鍵移動人物堆箱子。
2. 用滑鼠選擇重玩或到回地圖編輯區。

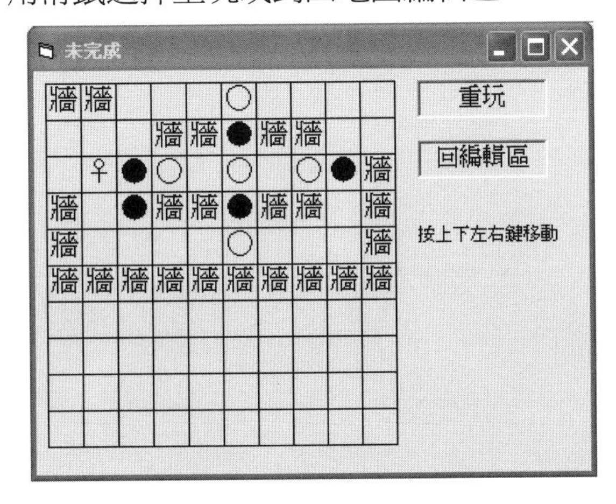

筆記

Visual Basic

第十一章
象棋

◆ 記憶暗棋象棋版

● 題目名稱:記憶暗棋象棋版

→ 遊戲規則=條件=範圍=操作=玩法

→ 每次翻兩個棋子，兵與卒屬同一組，將與帥屬同一組，其他組棋子是相同，若兩個棋子翻成同一組，兩個棋子就拿出，若兩個棋子翻不成功，兩個棋子蓋回原來的樣子，直到棋子翻完。

■ 流程圖

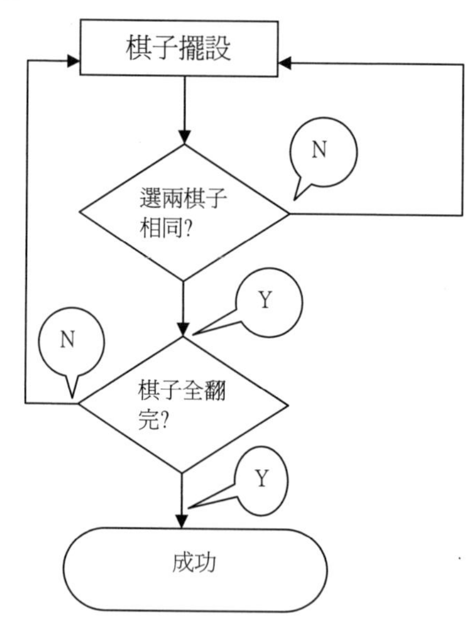

→ Visual Basic 語言

∨ 開啓Visual Basic程式，選擇標準執行檔。
∨ 在工作區表單產生物件(Label)一個。
∨ 在工作區表單產生物件(Timer)一個。
∨ 在工作區表單產生物件(CommandButton)一個。

→ 在屬性區中更改自己所需要的資料

物件名	物件名(改)	屬性名	屬性質(改)
Label	Lblgas	Caption	O
Label	Lblgas	Alignment	2-置中對齊
Label	Lblgas	Font	文字大小26
Command	Cmdreset	Caption	重玩
Timer	Tmrback	Interval	1000

∨　工作區在物件Lblgas按右鍵　複製(C)
∨　工作區中按右鍵→貼上(P)
∨　有視窗彈出要求是否建立一個控制項陣列→是(Y)
∨　工作區左上角出現物件Lblgas(1)本身名稱改Lblgas(0)
∨　工作區中重復按右鍵→貼上(P)，直到Lblgas(31)出現

→ Visual Basic 表單物件排列狀況

Lblgas(0)	…(1)	…(2)	…	…(6)	Lblgas(7)
…(8)	…(9)	…(10)	…	…(14)	…(15)
…(16)	…(17)	…(18)	…	…(22)	…(23)
Lblgas(24)	…(25)	…(26)	…	…(30)	Lblgas(31)

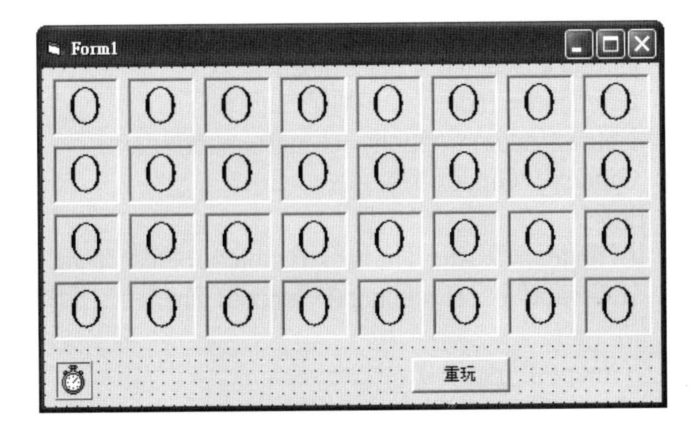

→ Visual Basic 程式碼(檔名：gass)

```
1.  Private Sub Cmdreset_Click()
2.  Form_Load
3.  End Sub
4.  Private Sub Form_Load()
5.  Input_Rnd
6.  For i = 0 To 31
7.   Lblgas(i).Caption = Gimg(Gmap(i))
8.  Next
9.  Tmrback.Enabled = True
10. End Sub

11. Private Sub Lblgas_Click(Index As Integer)     '選棋子
12. If Gindex = 0 And Lblgas(Index).Caption = "O" And _
13. Tmrback.Enabled = False Then '
14.  GFirst = Index              '選第一個棋子
15.  Lblgas(Index).Caption = Gimg(Gmap(Index))
16.  Gindex = Gindex + 1
17.  Exit Sub
18. End If
19. If Gindex = 1 And Lblgas(Index).Caption = "O" And _
20. Tmrback.Enabled = False Then
21.  GSencod = Index        '選第二個棋子
22.  Lblgas(Index).Caption = Gimg(Gmap(Index))
23.  Gindex = Gindex + 1
24. End If
25. If Gindex = 2 And Tmrback.Enabled = False Then
26.  If Gmap(GFirst) = Gmap(GSencod) Then  '二個棋子相
    同
27.   Gmap(GFirst) = 0
28.   Gmap(GSencod) = 0
```

```
29.   Gindex = Gindex + 1
30.  Else
31.   If (1 = Gmap(GFirst) And 9 = Gmap(GSencod)) Or _
32.   (9 = Gmap(GFirst) And 1 = Gmap(GSencod)) Then '兵
    卒同組
33.    Gmap(GFirst) = 0
34.    Gmap(GSencod) = 0
35.    Gindex = Gindex + 1
36.   Else
37.    If (7 = Gmap(GFirst) And 15 = Gmap(GSencod)) Or _
38.    (15 = Gmap(GFirst) And 7 = Gmap(GSencod)) Then '
    將帥同組
39.     Gmap(GFirst) = 0
40.     Gmap(GSencod) = 0
41.     Gindex = Gindex + 1
42.    Else
43.     Gindex = Gindex + 1
44.    End If
45.   End If
46.  End If
47. End If
48. If Gindex >= 3 Then
49.  Tmrback.Enabled = True     ' 起動計時器
50. End If
51. End Sub

52. Private Sub Tmrback_Timer()
53. For i = 0 To 31
54.  If 0 = Gmap(i) Then          ' 顯示棋子狀況
55.   Lblgas(i).Caption = ""
56.  Else
57.   Lblgas(i).Caption = "O"
58.  End If
```

```
59. Next
60. Gindex = 0
61. Tmrback.Enabled = False
62. End Sub
```

→ Visual Basic 程式碼解析

1~3行：重玩程序。
4~10行：初始值程序。
11~51行：棋子狀況程序。
11~24行：選棋子。
25~47行：二個棋子比對。
48~51行：起動計時器。
52~62行：計時數秒，將棋子蓋回。

→ Visual Basic模組檔程式碼(檔名：gass)

```
' ----模組檔

1.  Public Gmap(31) As Integer          '所有棋子數
2.  Public Gimg(15) As String           '所有棋子樣貌
3.  Public GFirst As Integer            '第一次選的棋子
4.  Public GSencod As Integer           '第二次選的棋子
5.  Public Gindex As Integer            '棋子暫存索引

6.  Public Sub Input_Rnd()              '所有棋子副程式
7.  Dim i, ix, iy As Integer


8.  For i = 0 To 4
9.   Gmap(i) = 1          '
10. Next
11. For i = 5 To 9
```

```
12.  Gmap(i) = 9         '
13. Next
14. Gmap(10) = 2:  Gmap(11) = 2
15. Gmap(12) = 10: Gmap(13) = 10
16. Gmap(14) = 3:  Gmap(15) = 3
17. Gmap(16) = 11: Gmap(17) = 11
18. Gmap(18) = 4:  Gmap(19) = 4
19. Gmap(20) = 12: Gmap(21) = 12
20. Gmap(22) = 5:  Gmap(23) = 5
21. Gmap(24) = 13: Gmap(25) = 13
22. Gmap(26) = 6:  Gmap(27) = 6
23. Gmap(28) = 14: Gmap(29) = 14
24. Gmap(30) = 7:  Gmap(31) = 15
25. Gimg(0) = ""
26. Gimg(1) = "卒":  Gimg(9) = "兵"
27. Gimg(2) = "包":  Gimg(10) = "砲"
28. Gimg(3) = "馬":  Gimg(11) = "傌"
29. Gimg(4) = "車":  Gimg(12) = "硨"
30. Gimg(5) = "象":  Gimg(13) = "像"
31. Gimg(6) = "士":  Gimg(14) = "仕"
32. Gimg(7) = "將":  Gimg(15) = "帥"
33. Gass_rnd
34. End Sub
35. Public Sub Gass_rnd()     '所有棋子亂排副程式
36. Randomize
37. For i = 0 To 31
38.  ix = (Rnd * 6789) Mod 32
39.  iy = Gmap(ix)
40.  Gmap(ix) = Gmap(i)
41.  Gmap(i) = iy
42. Next
43. End Sub
```

→ Visual Basic模組檔程式碼解析

1~5行：宣告變數。
6~34行：輸入所有棋子副程式。
35~43行：所有棋子亂排副程式。

→ 執行測試：(功能鍵F5)或功能表→執行(R)→開始(S)

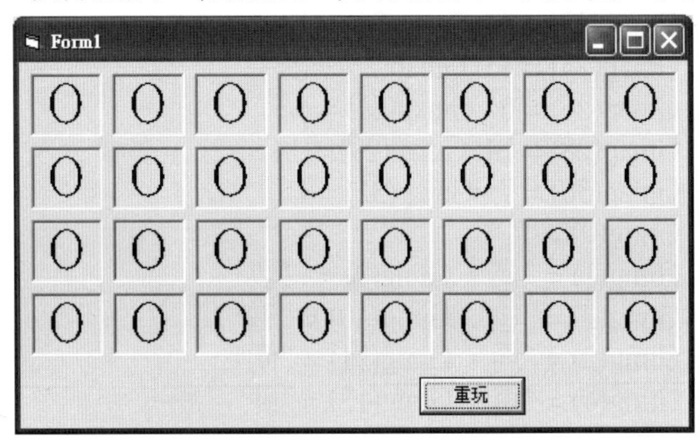

◆ 大吃小暗棋象棋版

● 題目名稱：想玩大吃小暗棋象棋版

→ 遊戲規則=條件=範圍=操作=玩法

→ 翻一次暗棋子換對方，棋子走一步或吃棋子換對方，兵可吃卒與將，碰到砲沒事。卒可吃兵與帥，碰到包沒事，包砲可隔一個棋子吃對方的任何棋子。其它的棋子由大往小的吃，大小的排列，將帥、士仕、象像、車硨、馬傌、包砲、卒兵。

■ 流程圖

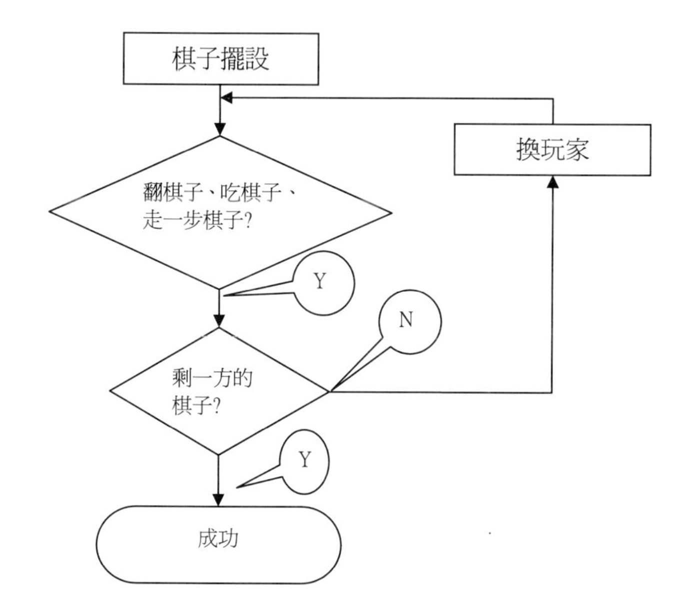

→ Visual Basic 語言準備工作

∨ 開啓Visual Basic程式，選擇標準執行檔。
∨ 在工作區表單產生物件(Label)一個。
∨ 在工作區表單產生物件(CommandButton)一個。

∨ 在屬性區中更改自己所需要的資料

物件名	物件名(改)	屬性名	屬性質(改)
Label	Lblgas	Alignment	2-置中對齊
Label	Lblgas	Font	文字大小26
Command	Cmdreset	Caption	重玩

- ∨ 工作區在物件Lblgas按右鍵→複製(C)
- ∨ 工作區中按右鍵→貼上(P)
- ∨ 有視窗彈出要求是否建立一個控制項陣列→是(Y)
- ∨ 工作區左上角出現物件Lblgas(1)本身名稱改Lblgas(0)
- ∨ 工作區中重復按右鍵→貼上(P)，直到Lblgas(31)出現

→ Visual Basic 表單物件排列狀況

Lblgas(0)	…(1)	…(2)	…	…(6)	Lblgas(7)
…(8)	…(9)	…(10)	…	…(14)	…(15)
…(16)	…(17)	…(18)	…	…(22)	…(23)
Lblgas(24)	…(25)	…(26)	…	…(30)	Lblgas(31)

→ Visual Basic 程式碼(檔名：gassed)

```
 1. Private Sub Cmdreset_Click()    '重置
 2. Form_Load
 3. End Sub
 4. Private Sub Form_Load()     '表單載入
 5. Input_rnd                '執行所有棋子亂排副程式
 6. Gper = 1:  Gsetime = 1
 7. Gstate = False
 8. For i = 0 To 31
 9. Lblgas(i).Caption = "O"
 10. Lblgas(i).BackColor = &H8000000F   ' 棋子無反白
 11. Next
 12. End Sub
 13. Private Sub Lblgas_MouseUp(Index As Integer, Button
As Integer, _
 14. Shift As Integer, X As Single, Y As Single)   '滑鼠按下
 15. Dim Modix, Modiix, Modiy, Modiiy As Integer
 16. Select Case Gper   '---玩家---
 17. Case 1        '---玩家1

 18.  Select Case Gsetime ' 玩家1選擇棋子---
 19. Case 1          ' 玩家1選擇第一次棋子
 20. If Gstate = False Then
 21. If "O" = Lblgas(Index).Caption Then
 22. Lblgas(Index).Caption = Gimg(Gmap(Index))   '玩家1翻
棋子
 23. Onebufr = Index:    Gsetime = 1
 24. Gper = 2:          Gstate = False        ' 換玩家
 25. Exit Sub
 26. Else
 27. If 1 <= Gmap(Index) And Gmap(Index) <= 7 And _
 28. "O" <> Lblgas(Index).Caption Then '玩家1選擇自己棋
```

```
子
 29. Onebufr = Index: Gsetime = 2
 30. Lblgas(Onebufr).BackColor = &H8000000B '棋子反白
 31. Gstate = True
 32. End If
 33. End If
 34. End If
 35. Case 2     '玩家1選擇第二次棋子
 36. If Index = Onebufr Then
 37. Lblgas(Onebufr).BackColor = &H8000000F  '棋子無反
白
 38. Gstate = False:    Gsetime = 1
 39. Exit Sub
 40. End If
 41. If 0 = Gmap(Index) Or (9 <= Gmap(Index) And
Gmap(Index) <= 15 _
 42. And "O" <> Lblgas(Index).Caption) Then   '敵方棋子
 43. Twobufr = Index              '棋子位置
 44. Modix = Onebufr Mod 8
 45. Modiy = Onebufr \ 8
 46. Modiix = Twobufr Mod 8
 47. Modiiy = Twobufr \ 8
 48. If 7 <> Abs(Modix - Modiix) Then  '棋子反白的周圍
 49. If (Modix + 1 = Modiix And Modiiy = Modiy) Or _
 50. (Modix - 1 = Modiix And Modiiy = Modiy) Or _
 51. (Modix = Modiix And Modiy + 1 = Modiiy) Or _
 52. (Modix = Modiix And Modiy - 1 = Modiiy) Then
 53.     One_mov
 54.     If Gmove = True Then
 55.      Lblgas(Onebufr).BackColor = &H8000000F
 56. Lblgas(Onebufr).Caption = Gimg(Gmap(Onebufr))
 57. Lblgas(Twobufr).Caption = Gimg(Gmap(Twobufr))
 58.      Gper = 2:      Gsetime = 1
```

```
59.      Gstate = False:   Gmove = False
60.      End If
61.     Else
62.      If 2 = Gmap(Onebufr) Then  ' 棋子包
63.       Gass_jump           ' 執行包砲副程式
64.      If Gjump = 3 Then
65.        Gmap(Onebufr) = 0
66.        Lblgas(Onebufr).BackColor = &H8000000F
67.        Gmap(Twobufr) = 2
68. Lblgas(Onebufr).Caption = Gimg(Gmap(Onebufr))
69. Lblgas(Twobufr).Caption = Gimg(Gmap(Twobufr))
70.        Gper = 2
71.        Gsetime = 1
72.          Gstate = False
73.         End If
74.        End If
75.      End If
76.     End If
77.    End If
78.    End Select
79.   Case 2  '---玩家2
80.    Select Case Gsetime
81.     Case 1
82.      If Gstate = False Then
83.        If "O" = Lblgas(Index).Caption Then
84.      Lblgas(Index).Caption = Gimg(Gmap(Index))
85.     Onebufr = Index:      Gper = 1
86.    Gsetime = 1:         Gstate = False
87.    Exit Sub
88.   Else
89. If 9 <= Gmap(Index) And Gmap(Index) <= 15 And _
90. "O" <> Lblgas(Index).Caption Then
91.     Onebufr = Index:    Gsetime = 2
```

```
92.      Lblgas(Onebufr).BackColor = &H8000000B
93.      Gstate = True
94.     End If
95.    End If
96.   End If
97.  Case 2
98.   If Onebufr = Index Then
99.    Lblgas(Onebufr).BackColor = &H8000000F
100.            Gstate = False:    Gsetime = 1
101.            Exit Sub
102.           End If
103.If 0 <= Gmap(Index) And Gmap(Index) <= 7 And _
104."O" <> Lblgas(Index).Caption Then
105.            Twobufr = Index
106.            Modix = Onebufr Mod 8
107.            Modiy = Onebufr \ 8
108.            Modiix = Twobufr Mod 8
109.            Modiiy = Twobufr \ 8
110.If 7 <> Abs(Modix - Modiix) Then
111.If (Modix + 1 = Modiix And Modiiy = Modiy) Or _
112. (Modix - 1 = Modiix And Modiiy = Modiy) Or _
113.(Modix = Modiix And Modiy + 1 = Modiiy) Or _
114. (Modix = Modiix And Modiy - 1 = Modiiy) Then
115.             Two_mov
116.             If Gmove = True Then
117.              Lblgas(Onebufr).BackColor = &H8000000F
118.Lblgas(Onebufr).Caption = Gimg(Gmap(Onebufr))
119.Lblgas(Twobufr).Caption = Gimg(Gmap(Twobufr))
120.              Gper = 1:      Gsetime = 1
121.              Gstate = False:  Gmove = False
122.             End If
123.            Else
```

```
124.              If 10 = Gmap(Onebufr) Then   '砲
125.               Gass_jump          '執行包砲副程式
126.               If Gjump = 3 Then
127.                Lblgas(Onebufr).BackColor = &H8000000F
128.                Gmap(Onebufr) = 0
129.                Gmap(Twobufr) = 10
130.Lblgas(Onebufr).Caption = Gimg(Gmap(Onebufr))
131.Lblgas(Twobufr).Caption = Gimg(Gmap(Twobufr))
132.                Gper = 1:   Gsetime = 1
133.                Gstate = False
134.               End If
135.              End If
136.             End If
137.            End If
138.           End If
139.          End Select
140.         End Select
141.         End Sub
```

→ Visual Basic 程式碼解析

1~3行：重玩程序。
4~12行：表單載入程序，預設值。
13~78行：　玩家1
13~26行：　翻暗棋子，換玩家2
27~34行：　選子自己棋子反白
35~61行：　移動或吃敵方的棋子，換玩家2
62~78行：　執行包砲處理，換玩家2
79~141行：　玩家2
79~88行：　翻暗棋子，換玩家1
89~96行：　選子自己棋子反白
97~123行：移動或吃敵方的棋子，換玩家1
124~141行：執行包砲處理，換玩家1

→ Visual Basic 模組程式碼(檔名：gassed)

```
' --- 模組檔---

1. Public Gmap(31) As Integer     ' 所有棋子數
2. Public Gimg(15) As String      ' 所有棋子樣貌
3. Public Gper As Integer         ' 玩家代號
4. Public Gsetime As Integer      ' 玩家選項
5. Public Onebufr As Integer      ' 玩家反白位置
6. Public Twobufr As Integer      ' 玩家移動位置
7. Public Gstate As Boolean       ' 玩家選子狀況
8. Public Gjump As Integer        ' 玩家包砲使用
9. Public Gmove As Boolean        ' 玩家移動狀況

10. Public Sub Input_rnd()    '所有棋子亂排副程式
11. For i = 0 To 4
12.  Gmap(i) = 1
13. Next
14. For i = 5 To 9
15.  Gmap(i) = 9
16. Next
17. Gmap(10) = 2:  Gmap(11) = 2
18. Gmap(12) = 10: Gmap(13) = 10
19. Gmap(14) = 3:  Gmap(15) = 3
```

```
20. Gmap(16) = 11: Gmap(17) = 11
21. Gmap(18) = 4:  Gmap(19) = 4
22. Gmap(20) = 12: Gmap(21) = 12
23. Gmap(22) = 5:  Gmap(23) = 5
24. Gmap(24) = 13: Gmap(25) = 13
25. Gmap(26) = 6:  Gmap(27) = 6
26. Gmap(28) = 14: Gmap(29) = 14
27. Gmap(30) = 7:  Gmap(31) = 15
28. Gimg(0) = "":    Gimg(1) = "卒"
29. Gimg(2) = "包":  Gimg(3) = "馬"
30. Gimg(4) = "車":  Gimg(5) = "象"
31. Gimg(6) = "士":  Gimg(7) = "將"

32. Gimg(9) = "兵":  Gimg(10) = "砲"
33. Gimg(11) = "傌": Gimg(12) = "硨"
34. Gimg(13) = "像": Gimg(14) = "仕"
35. Gimg(15) = "帥": Gstate = False
36. Gper = 1:  Gsetime = 1
37. For n = 0 To 31
38.  For i = 0 To 1
39.   ix = (Rnd * 12377) Mod 32
40.   iy = Gmap(ix)
41.   Gmap(ix) = Gmap(n)
42.   Gmap(n) = iy
43.  Next
44. Next
45. End Sub

46. Public Sub Gass_jump()    ' 包砲副程式
47. Gjump = 0
48. Modix = Onebufr Mod 8
49. Modiy = Onebufr \ 8
50. Modiix = Twobufr Mod 8
```

```
51. Modiiy = Twobufr \ 8
52. If Modiix = Modix Then
53.  If Modiy > Modiiy Then
54.   For i = Modiiy To Modiy
55.    If 0 <> Gmap(i * 8 + Modix) Then Gjump = Gjump + 1
56.   Next
57.  Else
58.   For i = Modiy To Modiiy
59.    If 0 <> Gmap(i * 8 + Modix) Then Gjump = Gjump + 1
60.   Next
61.  End If
62. End If
63. If Modiiy = Modiy Then
64.  If Modix > Modiix Then
65.   For i = Modiix To Modix
66.    If 0 <> Gmap(Modiy * 8 + i) Then Gjump = Gjump + 1

67.   Next
68.  Else
69.   For i = Modix To Modiix
70.    If 0 <> Gmap(Modiy * 8 + i) Then Gjump = Gjump + 1
71.   Next
72.  End If
73. End If
74. End Sub

75. Public Sub One_mov()  '玩家1移動副程式
76. Gmove = False
77. Select Case Gmap(Onebufr)
78. Case 1
79.  If 0 = Gmap(Twobufr) Or 9 = Gmap(Twobufr) _
80.  Or 15 = Gmap(Twobufr) Then
81.   Gmap(Onebufr) = 0
```

```
82.   Gmap(Twobufr) = 1
83.   Gmove = True
84.   Exit Sub
85.  End If
86. Case 2
87.  If 0 = Gmap(Twobufr) Then
88.   Gmap(Onebufr) = 0
89.   Gmap(Twobufr) = 2
90.   Gmove = True
91.   Exit Sub
92.  End If
93. Case 7
94.  If 0 = Gmap(Twobufr) Or (10 <= Gmap(Twobufr) _
95.  And Gmap(Twobufr) <= 15) Then
96.   Gmap(Onebufr) = 0
97.   Gmap(Twobufr) = 7
98.   Gmove = True
99.   Exit Sub
100. End If
101.End Select


102.If Gmap(Onebufr) <= 6 And Gmap(Onebufr) >= 3 Then
103.BufA = Gmap(Onebufr) + 8
104. If 0 = Gmap(Twobufr) Or (9 <= Gmap(Twobufr) _
105. And Gmap(Twobufr) <= BufA) Then
106.  Gmap(Twobufr) = Gmap(Onebufr)
107.  Gmap(Onebufr) = 0
108.  Gmove = True
109.  Exit Sub
110. End If
111.End If
```

```
112.End Sub

113.Public Sub Two_mov()  '玩家2移動副程式
114.Gmove = False
115.Select Case Gmap(Onebufr)
116.Case 9
117. If 0 = Gmap(Twobufr) Or 1 = Gmap(Twobufr) _
118. Or 7 = Gmap(Twobufr) Then
119.  Gmap(Onebufr) = 0
120.  Gmap(Twobufr) = 9
121.  Gmove = True
122.  Exit Sub
123. End If
124.Case 10
125. If 0 = Gmap(Twobufr) Then
126.  Gmap(Onebufr) = 0
127.  Gmap(Twobufr) = 10
128.  Gmove = True
129.  Exit Sub
130. End If
131.Case 15
132. If 0 = Gmap(Twobufr) Or (2 <= Gmap(Twobufr) _
133. And Gmap(Twobufr) <= 7) Then
134.  Gmap(Onebufr) = 0
135.  Gmap(Twobufr) = 15
136.  Gmove = True


137.  Exit Sub
138. End If
139.End Select
140.If Gmap(Onebufr) <= 14 And Gmap(Onebufr) >= 11 Then
141. BufA = Gmap(Onebufr) - 8
```

```
142. If 0 = Gmap(Twobufr) Or (1 <= Gmap(Twobufr) _
143.  And Gmap(Twobufr) <= BufA) Then
144.  Gmap(Twobufr) = Gmap(Onebufr)
145.  Gmap(Onebufr) = 0
146.  Gmove = True
147.  Exit Sub
148. End If
149.End If
150.End Sub
```

→ Visual Basic模組檔程式碼解析

1~9行：宣告變數。
10~45行：所有棋子亂排副程式。
46~74行：包砲副程式。
75~112行：玩家1移動副程式。
113~150行：玩家2移動副程式。

→ 執行測試：(功能鍵F5)或功能表→執行(R)→開始(S)

Visual Basic

第十二章
9X9方格的數讀

● 題目名稱：9*9方格的數讀

→ 遊戲規則=條件=範圍=操作=玩法

→ 每列數字1~9不能重複，每行數字1~9不能重複，每3*3的方格數字1~9不能重複，三者關位置數字不能重複。

■ 流程圖

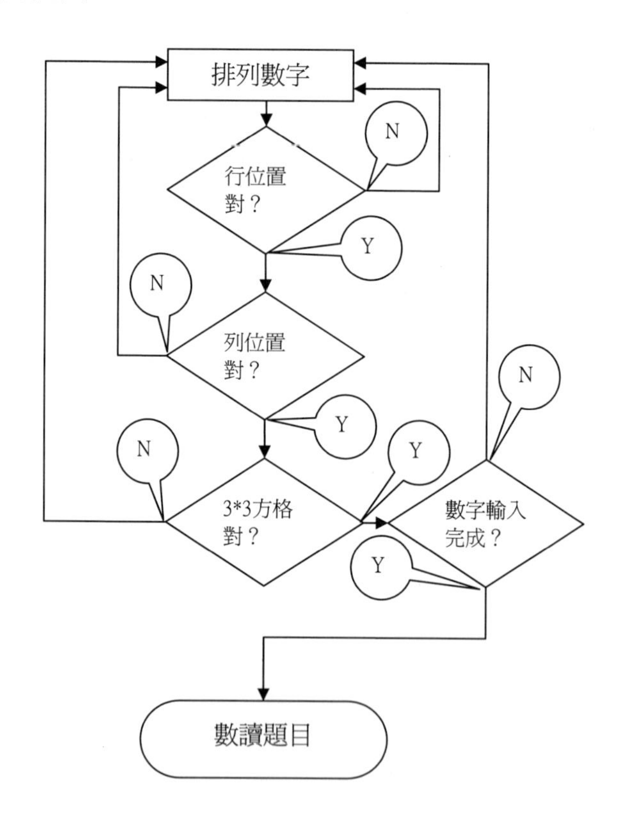

→ Visual Basic 語言

∨ 開啓Visual Basic程式，選擇標準執行檔。
∨ 在工作區表單產生物件(Label)一個。
∨ 在工作區表單產生物件(CommandButton)一個。

→ 在屬性區中更改自己所需要的資料

物件名	改物件名	屬性名	屬性質改
Label1	Lblnumber	Caption	
Command1	Cmdone	Caption	隨機重置

∨ 工作區在物件Lblnumber按右鍵→複製(C)
∨ 工作區中按右鍵→貼上(P)
→ 有視窗彈出要求是否建立一個控制項陣列→是(Y)
∨ 工作區左上角出現物件Lblnumber(1)本身名稱改 Lblnumber(0)
∨ 工作區中重復按右鍵→貼上(P)，直到Lblnumber(80)出現

→ Visual Basic 表單物件排列狀況

Lblnumber(0)	…(1)	…(2)	…	…(7)	…(8)
…(9)	…(10)	…(11)	…	…(16)	…(17)
…	…	…	…	…	…
…(72)	…73	…(74)	…	…(79)	…(80)

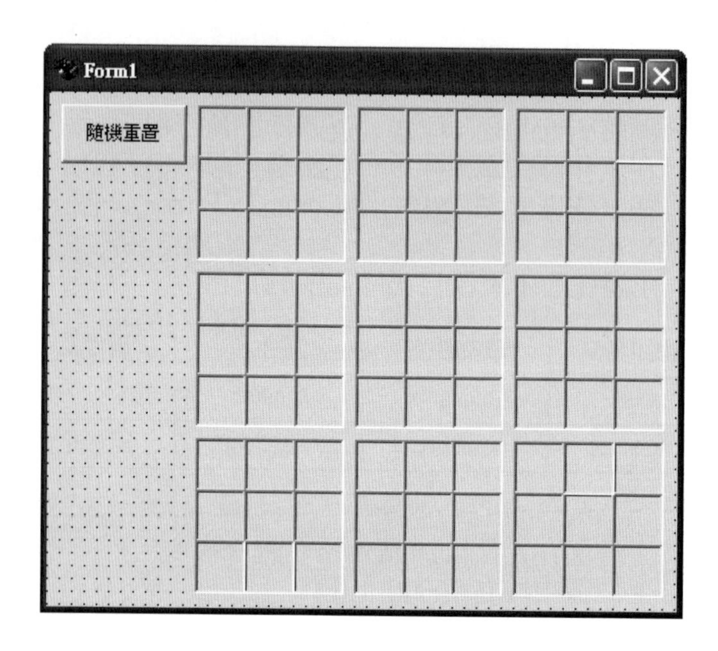

→ Visual Basic 程式碼(檔名：sudo12)

```
1. Dim SDmap(80) As Integer        'SDOKO陣列
2. Dim SDmapB(80) As Integer        'SDOKO陣列備份
3. Dim SDget As Integer        'SDOKO位置
4. Dim Rndbox(8) As Integer        '0~9亂數陣列
5. Dim Samebox(9) As Integer        '重複數字
6. Dim Sdpace(8) As Integer        '3*3方格位置
7. Dim AddnB(8) As Integer        '3*3方格索引

8. Private Sub Form_Load()
9. In_its        ' 3*3方格位置索引副程式
10.    Reset_SDmap '執行清除SDOKO數字副程式
11.    For i = 0 To 8
12.     Rndbox(i) = i + 1
```

```
13.    Next
14.    End Sub

15.    Private Sub Cmdone_Click()
16.    Dim Allright As Boolean           ' SDOKO層次完
成
17.    Dim Rtime As Integer              ' SDOKO層次整數
18.    Dim BufA, Kid, j As Integer        '索引用整數
19.    Reset_SDmap                    '執行清除SDOKO數字
副程式
20.    Rtime = 0                      ' SDOKO層次
21.    Do
22.     DoEvents      ' 電腦多工
23.     Sudoko_load    '執行載入SDOKO數字副程式
24.     Rnd_nineBox    '執行0~9亂數副程式
25.     For j = Rtime * 27 To (26 + (Rtime * 27)) '
0~26~53~80
26.      SDget = j                 'SDOKO位置
27.      BufA = (Rnd * 500) Mod 9          ' 0~9亂數
28.      For Kid = 0 To 8
29.       Same_box   '檢查SDOKO規則相同的數字副
程式
30.       If (Samebox(Rndbox(BufA))) <> Rndbox(BufA)
Then
31.        SDmap(j) = Rndbox(BufA)    ' 數字輸入
32.        Exit For           ' 離開For kid 迴圈
33.       Else
34.        BufA = (BufA + 1) Mod 9  ' 下一個亂數索引
35.       End If
36.      Next
37.     Next
38.     Allright = True                ' SDOKO層次完成
39.     For j = Rtime * 27 To (26 + (Rtime * 27))  '
```

SDOKO層次

```
40.     If SDmap(j) = 0 Then     ' SDOKO無數字
41.      Allright = False        ' SDOKO層次沒完成
42.      Exit For
43.     End If
44.    Next
45.    If Allright = True Then  ' SDOKO層次完成
46.     Rtime = Rtime + 1    ' SDOKO下一層次
47.     Sudoko_save       '執行儲存SDOKO數字副程式
48.    End If
49.   Loop While Rtime < 3           ' SDOKO完成

50.   Show_number             ' 執行顯示數字副程式
51.   End Sub

52.   Private Sub Same_box()  ' 檢查SDOKO規則相同
的數字副程式
53.   ny = SDget \ 9              ' 取得Y軸位置
54.   nx = SDget Mod 9             ' 取得X軸位置
55.   bly = (ny \ 3) * 3 + (nx \ 3)      ' 取得3*3 方格位
置
56.   For i = 0 To 9
57.    Samebox(i) = 0          ' 清除歸零
58.   Next
59.   For ixy = 0 To 8         '重新檢查SDOKO相同數字
60.    buff = Sdpace(bly) + AddnB(ixy)
61.    Samebox(SDmap(buff)) = SDmap(buff)    ' 3*3 方
格
62.    buff = ny * 9 + ixy
63.    Samebox(SDmap(buff)) = SDmap(buff)     ' X軸
64.    buff = ixy * 9 + nx
65.    Samebox(SDmap(buff)) = SDmap(buff)     ' Y軸
66.   Next
```

```
67.    End Sub
68.    Private Sub In_its()       ' 3*3方格位置索引副程
式
69.    For iy = 0 To 2
70.     For ix = 0 To 2
71.      Sdpace(iy * 3 + ix) = iy * 27 + ix * 3   '3*3方格
位置
72.      AddnB(iy * 3 + ix) = iy * 9 + ix      '3*3方格索引
73.     Next
74.    Next
75.    End Sub

76.    Private Sub Reset_SDmap()    ' 清除SDOKO數字
副程式
77.    For i = 0 To 80
78.     SDmap(i) = 0           ' 清除歸零
79.     SDmapB(i) = 0          ' 清除歸零
80.    Next
81.    Show_number
82.    End Sub

83.    Private Sub Show_number()     ' 顯示數字副程式
84.    For n = 0 To 80
85.     If SDmap(n) <> 0 Then            '不能0
86.      Lblnumber(n).Caption = SDmap(n)    ' 顯示數字
87.     Else
88.      Lblnumber(n).Caption = ""      ' 顯示空白
89.     End If
90.    Next
91.    For i = 0 To 25
92.     ix = (Rnd * 5000) Mod 81        ' 亂數
93.     Lblnumber(ix).Caption = ""       ' 顯示空白
94.     Lblnumber(80 - ix).Caption = ""    ' 顯示空白
```

```
95.  Next
96.  End Sub

97.  Private Sub Rnd_nineBox()       ' 亂排副程式
98.  Randomize
99.  For i = 0 To 8
100.  ix = (Rnd * 1357) Mod 9
101.  buf = Rndbox(ix)
102.  Rndbox(ix) = Rndbox(i)
103.  Rndbox(i) = buf
104. Next
105. End Sub

106. Private Sub Sudoko_save()   '暫存SDOKO數字副
程式
107. For i = 0 To 80
108.  SDmapB(i) = SDmap(i)    'SDOKO陣列備份儲存
109. Next
110. End Sub

111. Private Sub Sudoko_load()   '載入SDOKO數字副
程式
112. For i = 0 To 80
113.  SDmap(i) = SDmapB(i)     'SDOKO陣列備份載
入
114. Next
115. End Sub

116. Private Sub Sudoko_reset()   '清除SDOKO數字
副程式
117. For i = 0 To 80
118.  SDmap(i) = 0        ' 清除歸零
119.  SDmapB(i) = 0       ' 清除歸零
```

```
120.  Next
121.  End Sub

122.  Private Sub Lblnumber_MouseUp(Index As Integer,
Button As Integer, Shift As Integer, X As Single, Y As
Single)
123.  Lblnumber(Index).Caption = SDmap(Index)  ' 滑鼠
SDOKO數字顯示
124.  End Sub
```

→ Visual Basic 程式碼解析

1~7行：宣告變數。
8~14行：初始值。
15~51行：產生數讀題目。
SDmap陣列0~26，產生SDOKO規則數字，規則不對重排。
SDmap陣列27~53，產生SDOKO規則數字，規則不對重排。
SDmap陣列54~80，產生SDOKO規則數字，規則不對重排。

52~75行：檢查SDOKO規則相同的數字副程式。
將行、列、3*3小方格出現過的數字放入Same_box

76~82行：清除SDOKO數字副程式。
83~96行：顯示數字副程式。
97~105行：亂排副程式。
106~110行：暫存SDOKO數字副程式。
111~115行：載入SDOKO數字副程式。
116~121行：清除SDOKO數字副程式。
122~124行：滑鼠左右鍵，顯示SDOKO數字。

→ 執行測試：(功能鍵F5)或功能表→執行(R)→開始(S)

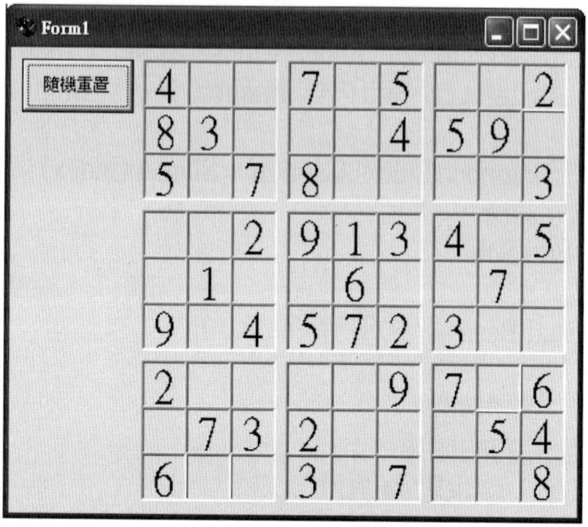

◆ 數學進位制演算分析

■ 十進位制表示

→ 有0,1,2,3,4,5,6,7,8,9種的元素表示
→ 數學表示法：(10^n位數)…十位數，個位數

● 例題：十進位制數字358　3百5十8

→ 變數狀態：A_0 , A_1, …A_m爲0~9正整數，n爲整數

☆ 標準式：A_m*(10^n)+$A_{(m-1)}$*(10^(n-1))…+A_1*(10^1)+A_0*(10^0)

● 例題：十進位制 358　3*(10^2)+5*(10^1)+8*(10^0)
● 例題：十進位制 ABC　A*(10^2)+B*(10^1)+C*(10^0)

☆ 浮點標準式：A_0*(10^0)+A_1*(10^-1)+…+A_m*(10^-n)

● 例題：十進位制 2.52　2*(10^0)+5*0.1+2*0.01
● 例題：十進位制 A.B　A*(10^0)+B*(10^-1)

■ 二進位制有0,1種的元素表示

→ 變數狀態：A_0 , A_1, …A_m爲0~1正整數，n爲整數

☆ 標準式：A_m*(2^n) +$A_{(m-1)}$*(2^(n-1))…+A_1*(2^1)+A_0*(2^0)

例題：二進位制101，轉十進位制?
→ 1*(2^2) +0*(2^1)+1*(2^0) = 5

→ 變數狀態：A_0 , A_1, ⋯A_m爲0~1正整數，n爲整數

☆ 浮點標準式：A_0*(2^0)+A_1*(2^-1)+⋯+A_m*(2^-n)

● 例題：二進位制 1.01，轉十進位制?

→ 1*(2^0)+0*(2^-1) +1*(2^-2) = 1.025

■ 八進位制有0,1,2,3,4,5,6,7種的元素表示

→ 變數狀態：A_0 , A_1, ⋯A_m爲0~7正整數，n爲整數

☆ 標準式：A_m*(8^n) +$A_{(m-1)}$*(8^(n-1))⋯ +A_1*(8^1)+A_0*(8^0)例題：八進位制 105，轉十進位制?

→ 1*(8^2) +0*(8^1)+5*(8^0) = 69

☆ 浮點標準式：A_0*(8^0)+A_1*(8^-1)+⋯+A_m*(8^-n)

● 例題：八進位制 3.2，轉十進位制?

→ 3 * (8 ^ 0) + 2 * (8 ^ -1) = 3.25

☆ K 進位制有0,1,2⋯(K-1)種的元素表示，K,m正整數

● 變數狀態：A_0 , A_1, ⋯A_m爲0~(K-1) 正整數，n爲整數

☆ 標準式：A_m*(K^n) +$A_{(m-1)}$*(K^(n-1))⋯ +A_1*(K^1)+A_0*(K^0)例題：K進位制 105 1*(K^2) +0*(K^1)+5*(K^0)

☆ 浮點標準式：A_0*(K^0)+A_1*(K^-1)+⋯+A_m*(K^-n)

- 例題：k進位制 3.2　 3 * (k^ 0) + 2 * (k^ -1)

- 例題：製作一個轉換程式，將2 ~ 60進位制的數字，轉換成十進位制的數字。

→ 一般數學看法：ABC爲(K進位制)
→ 標準式：A*(K^2) +B*(K^1)+C*(K^0)
→ 變數狀態：A，B，C，K爲整數。

→ Visual Basic 語言準備工作

∨ 開啓Visual Basic程式，選擇標準執行檔。
∨ 在工作區表單產生物件(Label)六個。
∨ 在工作區表單產生物件(HScrollBar)一個。

→ 在屬性區中更改自己所需要的資料

物件名	物件名(改)	屬性名	屬性質(改)
HScroll1	HSrnum	Max	60
HScroll1	HSrnum	Min	1
Label1	Label1	Caption	第一位數
Label2	Label2	Caption	第二位數
Label3	Label3	Caption	第三位數
Label4	Lblset	Caption	進位制
Label5	Lblnum	Caption	Label5
Label6	Lblshow	Caption	Label6

∨ 工作區在物件(HSrnum)按右鍵→複製(C)
∨ 工作區中按右鍵→貼上(P)
∨ 有視窗彈出要求是否建立一個控制項陣列→是(Y)
∨ 工作區左上角出現物件HSrnum(1)本身名稱改HSrnum(0)

∨ 工作區中重復按右鍵→貼上(P)，直到HSrnum(3)出現

→ Visual Basic 表單物件排列狀況

Lblset	HSrnum (3)	Lblnum
Label3	HSrnum (2)	
Label2	HSrnum (1)	Lblshow
Label1	HSrnum (0)	

→ Visual Basic 程式碼(檔名：xten)

```
1.  Dim A, B, C, K As Long
2.  Private Sub Form_Load()
3.  K = HSrnum(3).Value
4.  Setmax
5.  End Sub

6.  Private Sub HSrnum_Change(Index As Integer)
7.  If 0 = Index Then C = HSrnum(Index).Value
8.  If 1 = Index Then B = HSrnum(Index).Value
9.  If 2 = Index Then A = HSrnum(Index).Value
10. If 3 = Index Then K = HSrnum(Index).Value
11. Setmax
```

```
12. Lblnum.Caption = K & "進位制數字 " & A & " " & B &
" " & C

13. Lblshow.Caption = "十進位制數字 " & A * (K ^ 2) + _
14. B * (K ^ 1) + C * (K ^ 0)
15. End Sub

16. Private Sub Setmax()
17. For i = 0 To 2
18.  HSrnum(i).Max = HSrnum(3).Value - 1
19. Next
20. Lblset.Caption = HSrnum(3).Value & "進位制"
21. End Sub
```

→ Visual Basic 程式碼解析

2~5行：表單載入。
6~10行：滑動光棒數據輸入。
12行：顯示進位制數字資料。
13~15行：K進位制轉換十進位制數字、顯示。
16~21行：輸入k進位制的最大元素，顯示K進位制。

→ 執行測試：(功能鍵F5)或功能表→執行(R)→開始(S)

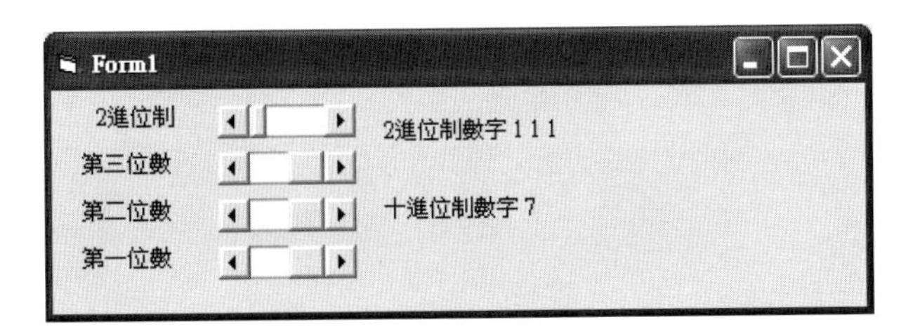

筆記

後序

學習Visual Basic開發程式之後，如果對Visual Basic開發程式還是不瞭解或文法結構不清楚時，學習能力最簡單的方法就是找例題來看，所以本書可先看例題，後再回頭看Visual Basic文法結構，學習較易吸收，學習時間才能省半，程式技巧才會進步，學習要趁感覺來，更深的開發程式技巧，需要看更多的相關書籍和例題，學習進階技巧，才能學習如何創新。

學會最簡單Visual Basic 6.0開發程式概念後，再去學其他的開發程式，更容易上手。

人們遇到問題時，也許要自己想辦法解決，但有時候需靠別人的經驗敘述學習，也有可能省事，省時間，且自己應該體會此問題的困難度，在往後還是會發生的，在做任何事情的時候，這些問題，如果你體會不深，那只能用時間來換取更豐富的經驗。

許多的抽象事物與景物，被研究的學者們，利用文字敘述、定義條件、數理公式，將其理論推導與驗證出來，讓人們走出許多的迷惘，往後的日子裡，會有更多，更深的抽象事物，會被研究的學者們研究出來，此時會出現更深的文字敘述、定義條件、數理公式，可能已不是人類能快速演算出來的，因此人類將會運用電腦資源，幫助人類有速度的演算理論與驗證更多數理公式。

有許多的開發程式語言，開發相關軟體，去幫助研究的學者、學生、繪圖工程師、會計、倉庫管理，生產線製造、銀行、手機、PDA、電腦、網路、衛星導航、數位電視的使用，甚至食、衣、住、行、育、樂、士、農、工、商都包括。

參考書籍

Visual Basic 6.0學習範本------------------------松崗

Visual Basic Windos API 講座------------------旗標

Visual Basic遊戲設計實務---------------------文魁

Visual Basic遊戲程式設計---------------------文魁

Visual Basic 函數參考大全--------------------文魁

國家圖書館出版品預行編目資料

Visual Basic 程式樂透行 ／王玄浚 著.
-- 初版. -- 臺北市：博客思出版：2009.6
面； 公分. -- （電腦叢書：C001）
ISBN 978-986-6589-06-5 (平裝)

1. BASIC(電腦程式語言)

312.32B3 98012472

電腦叢書：C001

Visual Basic 程式樂透行

作 者：王玄浚
出 版：博客思出版事業網
編 輯：張加君
美 編：D’s
地 址：台北市中正區開封街一段 20 號 4 樓
電 話：(02)2331-1675 傳真：(02)2382-6225
劃 撥 帳 號：蘭臺出版社 18995335
網 路 書 店：http://www.5w.com.tw E-Mail：lt5w.lu@msa.hinet.net
books5w@gmail.com
網 路 書 店：博客來網路書店 http://www.books.com.tw
網 路 書 店：華文網、三民網路書店
總 經 銷：成信文化事業股份有限公司
香 港 總 代 理：香港聯合零售有限公司
地 址：香港新界大蒲汀麗路 36 號中華商務印刷大樓
C&C Building, 36, Ting Lai Road, Tai Po,New Territories
電 話：(852)2150-2100 傳真：(852)2356-0735
出 版 日 期：2009 年 8 月初版
定 價：新臺幣 280 元

ISBN 978-986-6589-06-5